AF367875

DEVIS, CONDITIONS, PRIX ET ADJUDICATIONS DES OUVRAGES

DE
- Maſſonnerie.
- Charpenterie.
- Couverture.
- Menuiſerie.
- Marbre & Pierre de Liais.
- Gros Fer & Serrurerie.
- Vîtrerie.
- Plomberie.
- Cuivre - Potin.
- Groſſe Peinture.
- Dorure.
- Pavé & autres, &c.

Pour les Entretiens, Réparations & Changemens qu'il conviendra faire dans les Bâtimens, Châteaux & Maiſons appartenans au Roy, & leurs dépendances.

FAITS ET DRESSEZ

Par Monſieur DE COTTE Chevalier de S. Michel, Conſeiller du Roy, premier Architecte & Intendant General des Bâtimens de Sa Majeſté; conformement aux Declarations du Roy du 7. Juin 1708. & 6. Octobre 1716.

SUIVANT LES ORDRES

De Monſeigneur le DUC D'ANTIN, Pair de France, Lieutenant General des Armées du Roy, Gouverneur & Lieutenant General de l'Orleanois, & de la haute & baſſe Alſace, &c. Surintendant & Ordonnateur General des Bâtimens, Jardins, Académies des Arts & Manufactures de Sa Majeſté, & Conſeiller au Conſeil de Regence.

A PARIS,

De l'Imprimerie de JACQUES COLLOMBAT, I. Imprimeur ordinaire du Roy, du Cabinet, Maiſon, Bâtimens, Académies des Arts & Manufactures de Sa Majeſté; ruë S. Jacques, au Pelican.

M. DCC. XXII.

DEVIS,

CONDITIONS, PRIX
ET ADJUDICATIONS

Des Ouvrages de Maſſonnerie , pour les réparations &
changemens qu'il conviendra faire dans les Maiſons
Royales & autres appartenantes au Roy à Paris ;
dreſſé , ſuivant les ordres de Monſeigneur LE DUC
D'ANTIN , Pair de France , &c. Surintendant & Or-
donnateur general des Bâtimens , Jardins , Arts &
Manufactures de Sa Majeſté , par Monſieur DE COTTE,
Chevalier de l'Ordre de Saint Michel , Conſeiller du
Roy , premier Architecte & Intendant des Bâtimens
de Sa Majeſté.

*Qualitez des Materiaux qui ſeront employez auſdites
Réparations , Bâtimens , & Changemens.*

LES Mortiers ſeront compoſez d'un tiers de bonne Mortiers.
chaux de Melun , & les deux autres tiers de ſable de
riviere , ou autres de bonne qualité , bien broyez &
incorporez enſemble.

Les Moilons ſeront durs , des Carrieres d'Arcuëil , Moilons.
Bagneux , Fauxbourgs Saint Germain , S. Marcel , S. Jacques , ou
Vaugirard ; ébouſinez , eſſemillez , & poſez ſur leur lit , en bonnes
liaiſons , ou ſur leur champ , ſuivant que la qualité de l'ouvrage le
requerera.

✶ A

Murs en fondation.   Les Murs en fondations feront élevez entre deux lignes , & non bloquez entre les terres.

Pierres.   Les Pierres dures qui s'employeront feront des Carrieres d'Arcüeil ou Bagneux , & les Pierres tendres de S. Leu , le tout fans fils ny moyes qui les traverfent , & qui paroiffent à fix pouces près des paremens , bien éboufinez jufqu'au vif : les Pierres dures feront taillées & layées ; les Pierres tendres feront taillées & repaffées au fer , pofées en liaifons , de fept , huit à neuf pouces , tant en leur lit qu'à leur joint ; coulées , fichées & jointoyées avec mortier des qualitez fufdites.

Plâtre.   Les Plâtres feront des Carrieres de Montmartre ou Belleville , bien cuits.

Brique.   Toutes les Briques feront de la meilleure qualité , pofées en bonne liaifon , maçonnées avec mortier de chaux & fable , ou Plâtre pur.

Carreaux.   Les Carreaux de terre cuite , tant petits que grands , feront à fix pans de bonnes qualitez , pofez en Plâtre pur & de niveau.

Lattes.   Les Lattes feront de cœur de chêne fans aubier , pofées en liaifons , cloüées fur chacune folive , poteaux ou chevrons.

CONSTRUCTION.

Vuidanges des terres.   SEront faites les Foüilles & Vuidanges des terres maffives , pour les Caves & Foffes d'Aifances , Tranchées & Rigolles pour les fondations des Murs , jufques fur bons & folides fonds , conduites de niveau & par redans.

Murs de fondation.   Seront faits tous les murs en fondations & maffifs , avec moilons & mortiers des qualitez fufdites , lefquels feront toifez & reduits en cube de toutes fortes d'épaiffeurs , obfervant que les paremens vûs dans les caves , feront faits avec paremens de moilons piquez proprement , pofez par arrazes égales de niveau , & les joints tirez proprement.

Chaînes de pierres.   Les Chaînes de Pierres dures qui feront mifes aux murs dans les Caves , les unes auront deux pieds & demi de face , de quinze à dix-huit pouces de lit , les autres dix-huit pouces de face de vingt-un & vingt quatre pouces de lit.

Voûtes des Caves & foffes d'aifances.   Les Voûtes des Caves & Foffes d'aifances feront faites en plein ceintre , autant que faire fe pourra , conftruites avec moilons bien gifans , pofez en coupe & en bonnes liaifons , hourdées & crépies en plâtre par deffous , lefdites Voûtes de quinze pouces d'épaiffeur à la clef : les reins feront remplis avec moilons & mortier de chaux & fable , arrazez de niveau d'après le couronnement defdites voûtes.

Arcs de pierres.   Les Arcs de Pierres dures auront deux pieds & demi , à dix-huit pouces de face alternativement , & porteront quinze à vingt-un pouces de coupe alternativement.

Les Murs de faces & de refends au-deſſus des fondations, de toutes ſortes d'épaiſſeurs, ſoit par repriſes ou autrement, ſeront conſtruits avec moilons & mortier des qualitez ſuſdites, crépis & enduits de plâtre des deux côtez ; obſervant que dans les murs de faces ſeront faites des feüillures de deux pouces quarrez pour recẹvoir des doubles châſſis ou contrevents. *Murs de face.*

Et ſi l'on met des Pieds droits de pierres aux Portes & Croiſées deſdits Murs, les aſſiſes auront quinze à vingt-un pouces de face alternativement, & du parpin des Murs, élevez juſqu'au deſſous des linteaux ou fermetures en pierre, leſquelles fermetures ſeront faites avec des clavaux poſez de lit en joint de dix-huit pouces à deux pieds de coupe alternativement, & du parpin des Murs. *Piedsdroits des portes & croiſées.*

Seront faits les percemens de Portes & Croiſées & autres, de toutes ſortes d'épaiſſeurs : les Pieds droits ſeront faits avec moilons maçonnez, crépis & enduits de plâtre, & les linteaux de bois recouverts avec un latti, crépi & enduit de plâtre ; & en cas qu'il ſoit employé de la pierre de taille, elle ſera payée ſéparement, ſuivant les conſtructions ci-devant dites. *Ouvertures des portes & croiſées.*

Seront faits les Parpins ſous les Cloiſons & pans de bois, de pierre dure de ſept à huit pouces d'épaiſſeur, & quatorze à quinze pouces de hauteur. *Parpins ſous les cloiſons.*

Seront faites les Marches des Perrons en dehors, Eſcaliers & Deſcentes de Caves, avec pierres dures des qualitez ci-devant dites ; celles des Eſcaliers des hauteurs de girons, qui ſeront reglées d'une ſeule piece en leur longueur, ornées ſur le devant d'icelles d'une aſtragalle, obſervant les portées dans les murs & trois pouces de recouvrement l'une ſur l'autre, & ſeront dégauchies par deſſous lorſqu'il ſera ordonné ; les autres marches qui ne ſeront point dégauchies ſeront faites ſans aucun démaigriſſement ni diminution de l'épaiſſeur par-deſſous. *Marches desperrons, eſcaliers, & deſcentes de caves.*

Les Marches des Perrons ſeront des mêmes qualitez, des largeurs & hauteurs qui ſeront reglées, & ſeront des plus longs morceaux que faire ſe pourra, leſquelles ne pourront être moindres que de trois ou quatre pieds de longueur. *Marches desperrons.*

Les Marches de deſcentes de Caves ſeront faites des mêmes qualitez & façons de celles ci-deſſus, leſquelles ſeront taillées, layées & poſées de niveau. *Marches des deſcentesde caves.*

Les Pavez ſeront de pierre dure de pareille qualité que les marches de trois ou quatre pouces d'épaiſſeur, ou de cinq à ſix pouces d'épaiſſeur, taillez proprement, poſez en bonnes liaiſons, bien de niveau, ou en pente reglée, coulez & fichez en mortier de chaux & ſable, obſervant que les joints ſoient les plus petits que faire ſe pourra. *Pavez.*

Seront faits les Murs de clôtures avec moilons & mortier des qualitez ſuſdites, ou en plâtre, leſquels auront deux pieds d'épaiſſeur en *Murs de clôture.*

fondation, vingt pouces au-deſſus de la retraite, élevez avec fruit, & réduit à dix-huit pouces d'épaiſſeur au deſſous du chaperon, qui ſera fait avec bordures, alignées d'un rang de moilons poſez ſur le plat, en boutiſſe ſaillante des deux côtez, gobtez à chaux & ſable, à moilons apparens des deux côtez, ou crépis de plâtre.

Ouvrages en brique. Seront faits les Ouvrages en Brique, comme Languettes, Souches de Cheminées, Contre-cœurs, Potagers, Murs & Aires ; leſdites briques poſées en bonnes liaiſons les unes ſur les autres, tant en lit qu'en joint, hourdées & crépies en plâtre par le dedans pour les Souches & Contre-cœurs.

Fermetures de pierres. Et lorſqu'il ſera ordonné des fermetures de pierres au-deſſus des Souches de Cheminées, elles ſeront conſtruites de pierres de S. Leu, de quatorze à quinze pouces de hauteur, ornées de plintes & adouciſſemens en gorge, ſcellées, cramponnées, fichées, coulées & jointoyées.

LEGERS OUVRAGES.

Les tuyaux & manteaux de cheminées. SEront faits les legers Ouvrages, ſçavoir les Tuyaux & Manteaux de Cheminées avec plâtre pur de trois pouces d'épaiſſeur, compris les crépis & enduits, bien épigeonnez & non plaquez, à la reſerve des tuyaux rampans, ornez de plintes & fermetures.

Planchers creux. Les Planchers creux ſeront lattez à lattes jointives ſur les ſolives, avec une aire de plâtre pur par deſſus de deux à trois pouces d'épaiſſeur, fait de niveau, & enduit par-deſſus dans les endroits qui ne ſeront point carrelez, & les entrevoux tirez par-deſſous dans les planchers où les ſolives ſeront apparentes.

Planchers creux lambriſſez. Les autres Planchers creux qui ſeront lambriſſez par-deſſous ſeront lattez à lattes jointives par deſſous, crépis & enduits de plâtre.

Cloiſons pleines. Les Cloiſons pleines ſeront hourdées avec plâtre & plâtras, enduits d'après les poteaux, ou lattées de quatre pouces en quatre pouces, recouvertes de plâtre des deux côtez.

Cloiſons qui portent à faux. Les Cloiſons qui porteront à faux ſeront creuſes & lattées à lattes jointives des deux côtez, crépies & enduites de plâtre, & les Lambris rampans auſſi lattez à lattes jointives, crépis & enduits de plâtre.

Cloiſons de planches de bateau. Les Cloiſons de planches de bateau ſeront plaquées dans les entrevoux avec plâtre pur, lattées de quatre pouces en quatre pouces, & recouvertes de plâtre des deux côtez.

Chauſſes d'aiſances. Les Chauſſes d'aiſances ſeront faites avec boiſſeaux de terre cuite, de neuf à dix pouces de diametre, bien plombées, emboëtées les unes dans les autres, poſées à plomb avec un hourdi de plâtre de trois pouces d'épaiſſeur au pourtour, & enduit de plâtre par-deſſus, obſervant les ſieges & vantouſes aux endroits neceſſaires, & ſeront faits generalement tous les legers Ouvrages en plâtre pur, tous les ſcellemens de Charpenteries, Menuiseries & Fers necessaires.

Seront faites les Bornes de quatre pieds & demi de haut, com- **Bornes.**
pris ce qui sera enterré, construites avec pierres dures d'Arcuëil, arrondies ou à pans, taillées & piquées proprement à grain d'orge,
posées sur un massif de moilons & mortier de chaux & sable, ou de
plâtre de deux pieds quarrez.

Seront faits les Seüils & Appuis avec pierres dures, posées de ni- **Seüils &**
veau ou en pente. **appuis.**

Tous lesquels Ouvrages seront bien & dûëment faits suivant l'Art
de bâtir, & au desir du present Devis. L'Entrepreneur fournira tous
les materiaux, équipages, échafaudages, peines d'Ouvriers, droits
de materiaux, & toutes choses generalement quelconques necessaires
pour l'entiere perfection d'iceux; enlevera les gravois aux champs,
rendra place nette, moyennant les prix ci-après declarez, & pour
lesquels lesdits Ouvrages leur seront adjugez par l'adjudication qui en
sera faite au rabais à l'extinction des feux, en la maniere accoutumée;
& lesquels prix leur seront payez des fonds à ce destinez par Sa Majesté; à la charge par lesdits Entrepreneurs de donner bonne & suffisante Caution & Certificateur de leur entreprise, conformement à la
Declaration du Roy du 7. Juin 1708, suivant laquelle la reception
desdits Ouvrages sera faite.

Le present DEVIS a été dressé par Nous Robert DE COTTE,
Chevalier de S. Michel, Conseiller du Roy & son premier Architecte,
Intendant general des Bâtimens de Sa Majesté, en presence de Tres-
haut & puissant Seigneur Louis-Antoine DE PARDAILLAN DE
GONDRIN, Chevalier des Ordres du Roy, Duc d'Antin, de Mon-
tespan & de Gondrin, Seigneur des Duchez de Bellegarde & d'Eper-
non, Conseiller du Roy en ses Conseils, Lieutenant General de ses
Armées, Gouverneur d'Orleans & Pays Orleanois, Lieutenant Gene-
ral pour le Roy de la haute & basse Alsace, &c. Surintendant &
Ordonnateur general des Bâtimens, Jardins, Arts & Manufactures
de Sa Majesté; de Jacques-Charles Billaudel Conseiller du Roy,
Intendant general de ses Bâtimens; de Jacques Gabriel, Armand-
Claude Mollet, & Garnier Disle Conseillers du Roy, Controlleurs
Generaux des Bâtimens de Sa Majesté.

Lequel DEVIS, Nous Surintendant & Ordonnateur general des
Bâtimens, Jardins, Arts & Manufactures du Roy, ordonnons être
publié & affiché aux portes & endroits du Louvre, Palais des Tuilleries & autres Maisons Royales à Paris; aux Portes & endroits du Château, & Hôtel des Bâtimens à Versailles; aux portes & endroits des
Châteaux de Marly, Meudon, S. Germain, Fontainebleau & dépendances, & aux autres endroits & Places publiques de Paris, Versailles,
Marly, Meudon, Saint Germain, & Fontainebleau; à ce que ceux
qui voudront entreprendre de faire lesdits Ouvrages de Massonnerie
aux clauses & conditions portées audit Devis, ayent à se trouver au-

dit Hôtel des Bâtimens, le   dix
heures du matin , où leurs offres feront reçûës , & lefdits Ouvrages
adjugez au moins difant, à l'extinction des feux en la maniere accoutumée , conformement à ladite Declaration du Roy du 7. Juin 1708.
& dont l'Entrepreneur fera fa foumiffion. Fait à Verfailles le

                Signé , D'ANTIN DE GONDRIN, DE COTTE ,
BILLAUDEL , GABRIEL , MOLLET , ET DISLE.

DE PAR LE ROY.

PAR Adjudication faite au rabais au moins offrant & dernier
Encheriffeur, à l'extinction des feux, en la maniere accoutumée,
conformement à la Declaration du Roy du 7. Juin 1708. en l'Hôtel
des Bâtimens du Roy à Verfailles.

Par Tres-haut & puiffant Seigneur Meffire Loüis-Antoine de Par-
daillan de Gondrin , Chevalier des Ordres du Roy, Duc d'Antin, de
Montefpan, & de Gondrin, Seigneur des Duchez de Bellegarde &
d'Epernon, Baron d'Oyron , Comte de Murat, & autres Terres , &c.
Confeiller du Roy en fes Confeils, Lieutenant General des Armées de
Sa Majefté , Gouverneur d'Orleans & Pays Orleanois , Lieutenant
General de la haute & baffe Alface , &c. Surintendant & Ordonna-
teur general des Bâtimens du Roy , Arts & Manufactures de France.

En la prefence de Robert de Cotte , Chevalier de S. Michel, Confeiller & premier Architecte du Roy , Intendant General des Bâtimens de Sa Majefté.

De Jacques-Charles Billaudel , auffi Confeiller du Roy , Intendant
General de fes Bâtimens.

De Jacques Gabriel , Armand-Claude Mollet , & Garnier Difle ,
Confeillers du Roy , Controlleurs Generaux defdits Bâtimens de
Sa Majefté.

                              dix heures du matin,
des Ouvrages de Maffonnerie , pour les reparations & changemens
qu'il conviendra faire dans les Bâtimens du Roy à Paris , Verfailles,
Marly , Meudon , S. Germain , Fontainebleau , & Bâtimens en dépendans.

APPERT lefdits Ouvrages de Maffonnerie , pour les endroits ci-
devant défignez , avoir été adjugez

comme moins offrant & dernier Encheriffeur , fur les ordres dudit
Seigneur Duc d'Antin , des qualitez & façons ci-deffus , ainfi
& de la maniere qu'ils font expliquez au Devis ci-devant écrit , pour
le temps & efpace de   années entieres & confecutives ,

                                 à la charge par
1   Entrepreneur   , de bien & duëment faire & parfaire

tous lefdits Ouvrages , en tel nombre , quantité & qualité qui feront neceffaires , fuivant l'Art de bâtir ; & de faire lefdits Ouvrages aux lieux & endroits qui leur feront indiquez par les Contrôleurs defdits Bâtimens ; comme auffi à la charge de fournir de tous materiaux , équipages , échafaudages , peines d'Ouvriers , & tout ce qui conviendra pour l'entiere perfection defdits Ouvrages , dont la reception fera faite conformement à la fufdite Declaration du Roy , & ce moyennant les prix cy-après expliquez.

SCAVOIR,

Pour chacune toife cube de foüille & tranfport des terres des Caves , foffes d'aifances & autres , la fomme de dix livres.

Pour chacune toife de murs en fondation maffifs , conftruits de moilons & mortier de chaux & fable réduits en cube , compris la foüille & tranfport des terres , la fomme de foixante & dix livres.

Pour chacune toife fuperficielle de paremens de moilons piquez , en plus valeur , la fomme de trois livres.

Pour chacune toife courante de chaînes de pierres dures , en plus valeur , de deux pieds d'épaiffeur réduit , la fomme de quinze livres.

Celles qui feront dans les murs , plus ou moins épais , feront payez à proportion.

Pour chacune toife fuperficielle des voûtes de Caves , les reins non comptez & confondus dans le prix , la fomme de quinze livres.

Pour chacune toife courante d'arcs de pierres dures en plus valeur , la fomme de quinze livres.

Pour chacune toife fuperficielle des Murs de face & de refends ; d'un pied d'épaiffeur , conftruits avec moilons & mortier de chaux & fable crépis & enduits de plâtre des deux côtez , toifez tant plein que vuide , fans aucun avant-corps ni retour , la fomme de quatorze livres.

Nota. Que tous les tuyaux & manteaux de cheminées en plâtre qui fe rencontreront dans l'épaiffeur des murs de faces & de refends , de quelque épaiffeur qu'ils puiffent être , ne feront point toifez , mais confondus dans le prix des murs.

Pour chacune toife de Murs de pareille conftruction , de quinze pouces , la fomme de feize livres.

Pour chacune toife de Murs , *idem* , de dix-huit pouces , la fomme de dix-huit livres dix fols.

Pour chacune toife de Murs , *idem* , de vingt-un pouces , la fomme de vingt-une livres.

Pour chacune toife de Murs , *idem* , de deux pieds , la fomme de vingt-trois livres dix fols.

Pour chacune toife de Murs , *idem* , de deux pieds un quart , la fomme de vingt-fix livres.

Pour chacune toife de Murs, *idem*, de deux pieds & demi, la fomme de vingt-huit livres dix fols.

Pour chacune toife de Murs, *idem*, de deux pieds neuf pouces, la fomme de trente-une livres.

Pour chacune toife de Murs, *idem*, de trois pieds, la fomme de trente-trois livres dix fols.

Pour chacune toife fuperficielle des murs de face & de refend d'un pied d'épaiffeur, conftruits avec moilons, hourdez de plâtre, crépis & enduits de plâtre des deux côtez, toifez tant plein que vuide, fans compter aucun avant-corps ni retour, la fomme de quatorze livres.

Nota. Que tous les tuyaux & manteaux de cheminées en plâtre, qui fe rencontreront dans l'épaiffeur des Murs de faces & de refends, de quelque épaiffeur qu'ils puiffent être, ne feront point toifez, mais confondus dans le prix defdits murs.

Pour chacune toife de Murs de pareille conftruction que deffus, de quinze pouces d'épaiffeur, la fomme de feize livres dix fols.

Pour chacune toife de Murs, *idem*, de dix-huit pouces d'épaiffeur, la fomme de dix-neuf livres.

Pour chacune toife de Murs, *idem*, de vingt-un pouces d'épaiffeur, la fomme de vingt-une livres dix fols.

Pour chacune toife de Murs, *idem*, de deux pieds d'épaiffeur, la fomme de vingt-quatre livres.

Pour chacune toife de Murs, *idem*, de deux pieds un quart d'é-paiffeur, la fomme de vingt-fix livres dix fols.

Pour chacune toife de Murs, *idem*, de deux pieds & demi d'épaif-feur, la fomme de vingt-neuf livres.

Pour chacune toife de Murs, *idem*, de deux pieds trois quarts d'é-paiffeur, la fomme de trente-une livres dix fols.

Pour chacune toife de Murs, *idem*, de trois pieds d'épaiffeur, la fomme de trente-quatre livres.

Et pour tous lefdits Murs hourdez, tant en plâtre qu'en chaux, qui ne feront crépis ni enduits de plâtre, la diminution en fera faite fuivant l'ufage des legers Ouvrages.

Obferva-
tion. Et fera obfervé que lorfqu'il y aura de la pierre de taille, la di-minution de la fuperficie d'icelle en fera faite avec les vuides des bayes, & que ladite pierre fera payée féparement, fuivant les prix ci-deffous:

SCAVOIR,

5

Pour chacune toife courante d'affifes de pierres d'Arcuëil à deux paremens, qui feront pofées au bas des murs de faces & de refends, de quinze à feize pouces de hauteur, & de quinze pouces d'épaiffeur, la fomme de quinze livres.

Pour chacune toife courante de pareilles affifes, de dix-huit pouces d'épaiffeur, la fomme de feize livres cinq fols.

Pour chacune toife, *idem*, de vingt-un pouces d'épaiffeur, la fomme de dix-fept livres dix fols.

Pour chacune toife courante, *idem*, de deux pieds d'épaiffeur, la fomme de dix-huit livres quinze fols.

Pour chacune toife, *idem*, de deux pieds un quart d'épaiffeur, la fomme de vingt livres.

Et lorfque lefdites affifes ne feront qu'à un parement, il fera diminué fur chacune d'icelles la fomme de deux livres.

Pour chacune toife fuperficielle de Murs en percemens de deux pieds d'épaiffeur, avec pieds droits ou jambages de portes & croifées, hourdées en plâtre, enduit en leur pourtour, recouvrement de linteaux & maffonnerie au-deffus, la fomme de treize livres.

Les autres Murs en percemens, de plus ou moins fortes épaiffeurs, feront payez à proportion.

Pour chacune toife courante de Murs de pieds droits de portes ou croifées en pierre dure aufdits murs de face, murs de refends & murs en percemens, de deux pieds d'épaiffeur & de dix-huit pouces de face réduit, la fomme de vingt-fept livres.

Pour chacune toife courante de pareils Murs, de pieds droits en pierre tendre, de deux pieds d'épaiffeur, la fomme de dix-neuf liv.

Les autres Murs de pieds droits, de plus ou moins fortes épaiffeurs, feront payez à proportion.

Pour chacune toife courante de fermetures de portes & croifées en pierres dures, de deux pieds d'épaiffeur, la fomme de trente-deux livres.

Pour chacune toife courante de pareilles fermetures en pierres tendres, la fomme de vingt-deux livres.

Celles qui auront plus ou moins d'épaiffeur, feront payées à proportion.

Pour chacun Seüil & Appui de pierres dures, de quatre pieds de longueur, de quinze pouces de largeur, & fix pouces d'épaiffeur, la fomme de cinq livres dix fols.

Les autres Seüils & Appuis à proportion de leur longueur & largeur.

Pour chacune toife fuperficielle des parpins de pierres dures, fans compter aucun retour, la fomme de trente-huit livres.

Pour chacune toife fuperficielle des Marches de pierres dures d'Arcueïl, ornées fur le devant d'icelles d'architecture, & dégauchies par-deffous, fans compter aucune chofe pour les faillies d'architecture, la fomme de quarante-cinq livres.

Pour chacune toife, *idem*, de Marches fans être dégauchies, feulement ornées d'architecture fur le devant, lefquelles feront confonduës dans le prix, & non toifées, la fomme de vingt-fix livres.

Pour chacune toife fuperficielle de Marches de Perrons, la fomme de vingt-huit livres.

Pour chacune toife, *idem*, de Marches, de defcentes de Caves, la fomme de vingt-cinq livres.

Pour chacune toife fuperficielle de pavez de pierres dures, de trois à quatre pouces d'épaiffeur, la fomme de vingt-cinq livres.

Pour chacune toife fuperficielle de Pavez de pierres dures, de cinq à fix pouces d'épaiffeur, la fomme de trente livres.

Pour chacune toife fuperficielle de Saillies d'architecture en pierres dures, fi aucunes fe font, le tout compris la pierre, la fomme de quinze livres.

Pour chacune toife fuperficielle de pareilles Saillies renfoncées, & pour façon feulement, la fomme de dix livres.

Pour chacune toife fuperficielle de Saillies de pierres tendres, compris la pierre, la fomme de dix livres.

Pour chacune toife, *idem*, renfoncées, & pour façon feulement, la fomme de cinq livres dix fols.

Pour chacune toife fuperficielle de Murs de clôture en chaux, crépis de plâtre des deux côtez, toifez depuis le deffous de la fondation, le chaperon compté pour un pied, la fomme de feize livres

Pour chacune toife de Murs, *idem*, avec vieux moilons de démolition, la fomme de huit livres.

Pour chacune toife de Murs de clôture, hourdez en plâtre & crépis de plâtre des deux côtez, le chaperon compté pour un pied, la fomme de feize livres.

Pour chacune toife de pareils Murs avec vieux moilons de démolition, la fomme de huit livres.

Pour chacune toife fuperficielle de Murs de clôture de moilons neuf, avec mortier de terre franche, chaînes de plâtre, tant en fondation qu'au-deffus, de trois pieds de longueur, de douze pieds en douze pieds, de milieu en milieu, crépis de plâtre des deux côtez, le chaperon auffi en plâtre, compté pour un pied, la fomme de douze livres.

Pour chacune toife fuperficielle de pareils Murs, avec vieux moilons, la fomme de fix livres.

Et lorfque les Murs ne feront point crépis en plâtre, la diminution en fera faite fuivant l'ufage des legers Ouvrages.

Pour chacune toife fuperficielle de gobtages en chaux & fable fur les vieux Murs, la fomme de vingt-cinq fols.

Pour chacune toife de crépis en chaux & fable paffé au crible, la fomme de quarante fols.

Pour chacune toife fuperficielle de Languettes de brique de quatre pouces, fans enduit de plâtre, la fomme de quinze livres.

Pour chacune toife fuperficielle d'aire de brique, pofées fur le plat, maçonnées avec chaux & fable, la fomme de fept livres dix fols.

Pour chacune toife, *idem*, de Brique, de fix pouces d'épaiffeur réduit, la fomme de vingt-deux livres dix fols.

Pour chacune toise, *idem*, de huit pouces d'épaisseur, la somme de trente livres.

Les crépis & enduits de plâtre qui seront faits sur lesdites Briques, seront toisez suivant l'usage des legers Ouvrages.

Pour chacune toise courante de fermetures de cheminées de pierres tendres, de quinze pouces de hauteur, sans compter aucunes saillies de pierres, ni scellement de crampons, la somme de quinze livres.

Pour chacune toise, *idem*, de plintes en pierres tendres, de huit à neuf pouces, la somme de huit livres.

Pour chacune toise superficielle de grands Carreaux de terre cuite, la somme de huit livres.

Pour chacune toise superficielle, *idem*, de petits Carreaux, la somme de cinq livres.

Pour chacune toise de vieux Carreaux de démolition remployez, la somme de quarante-cinq sols.

Pour chacun grand Carreau en recherche, la somme de vingt-trois sols.

Pour chacun petit Carreau en recherche, la somme d'une livre.

Pour chacune toise de legers Ouvrages toisez aux Uz & Coûtumes de Paris, le Carreau toisé séparement, la somme de sept livres quinze sols.

Pour chacune Borne de quatre pieds & demi de haut, compris le scellement, la somme de douze livres dix sols.

Les autres Bornes, plus ou moins hautes, seront payées à proportion.

A PARIS,

De l'Imprimerie de JACQUES COLLOMBAT Imprimeur ordinaire du Roy,
du Cabinet, Maison, & Batimens de Sa Majesté. 1722.

DEVIS,

CONDITIONS, PRIX

ET ADJUDICATIONS

Des Ouvrages de Maſſonnerie , pour les réparations &
changemens qu'il conviendra faire dans les Maiſons
Royales & autres appartenantes au Roy à Verſailles ,
Marly , S. Germain , Meudon & leurs dépendances ;
dreſſé , ſuivant les ordres de Monſeigneur LE DUC
D'ANTIN , Pair de France , &c. Surintendant & Or-
donnateur general des Bâtimens , Jardins , Arts &
Manufactures de Sa Majeſté , par Monſieur DE COTTE ,
Chevalier de l'Ordre de Saint Michel , Conſeiller du
Roy , premier Architecte & Intendant des Bâtimens
de Sa Majeſté.

---

*Qualitez & façons des Materiaux qui feront employez, auſ-
dits Bâtimens , Réparations & Changemens.*

LES Mortiers ſeront compoſez d'un tiers de bonne Mortiers.
chaux de Melun , & les deux autres tiers de ſable de
riviere , ou autres de bonne qualité , bien broyez &
incorporez enſemble.

 Les Moilons ſeront de cailloux , meulieres ou moi- Moilons.
lons durs , comme ils s'employent ordinairement , ébouſinez , eſſemillez , & poſez ſur leur lit , en bonnes liaiſons , ou ſur leur champ ,
ſuivant que la qualité des Ouvrages pourra le requerir.

＊ B

Pierres. Les Pierres dures qui s'employeront feront des Carrieres de faint Cloud & de la Chauffée, & les Pierres tendres de Saint Leu, le tout fans fils ny moyes qui les traverfent ni qui paroiffent, à fix pouces près des paremens, bien éboufinez jufqu'au vif : Les Pierres dures feront taillées & layées ; les Pierres tendres feront taillées & repaf-fées au fer, pofées en liaifons, de fept, huit à neuf pouces, tant en leur lit qu'à leur joint, coulées, fichées & jointoyées avec mortier des qualitez fufdites.

Plâtre. Les Plâtres feront des Carrieres d'Argenteüil, Clamart & Ville d'Avray, bien cuits.

Brique. Toutes les Briques feront de la meilleure qualité, pofées en bonne liaifon, maçonnées avec mortier de chaux & fable, ou Plâ-tre pur, fi befoin eft.

Carreaux. Les Carreaux de terre cuite, tant petits que grands, feront à fix pans, de bonnes qualitez, pofez en Plâtre pur & bien de niveau.

Lattes. Les Lattes feront de cœur de chêne fans aubier, pofées en liai-fons, cloüées fur chacune folive, poteaux ou chevrons.

CONSTRUCTION.

Foüilles & Vuidanges des terres. SEront faites les Foüilles & Vuidanges des terres maffives, pour les Caves & Foffes d'Aifances, Tranchées & Rigolles pour les fondations des Murs, jufques fur bons & folides fonds, conduites de niveau & par redans.

Murs de fondation. Seront faits tous les murs en fondations & maffifs, avec moilons & mortiers des qualitez fufdites, lefquels feront toifez & reduits en cube de toutes fortes d'épaiffeurs, obfervant que les paremens vûs dans les caves, feront faits avec paremens de moilons piquez pro-prement, pofez par arrazes égales de niveau, & les joints tirez pro-prement. Et quand les Murs feront de cailloux, les paremens dans les Caves & foffes feront gobtez en mortier ou crépis en plâtre.

Murs en fondation. Seront les mêmes Murs élevez entre deux lignes, & non blo-quez entre les terres.

Chaînes de pierres. Les Chaînes de Pierres dures qui feront mifes aux murs dans les Caves, les unes auront deux pieds & demi de face, de quinze à dix-huit pouces de lit, les autres dix-huit pouces de face de vingt-un & vingt-quatre pouces de lit.

Voûtes des Caves & foffes d'ai-fances. Les Voûtes des Caves & Foffes d'aifances feront faites en plein ceintre, aütant que faire fe pourra, conftruites avec moilons ou cail-loux, bien gifans, pofez fur le plat, en coupe & en bonnes liaifons, hourdez & crépis en plâtre par deffous. Lefdites Voûtes de quinze pouces d'épaiffeur à la clef : les reins feront remplis avec moilons & mortier de chaux & fable, arrazez de niveau d'après le couronne-ment defdites voûtes.

Arcs de pierres. Les Arcs de Pierres dures auront deux pieds & demi, à dix-huit pouces de face alternativement, & porteront quinze à vingt-un pouces de coupe alternativement.

Les Murs de faces & de refends au-dessus des fondations, de toutes sortes d'épaisseurs, soit par reprises ou autrement, seront construits avec moilons & mortier des qualitez susdites, posez sur le plat en liaison, massonnez avec mortier de chaux & sable. Sera observé que dans tous les murs de faces seront faites des feüilleures de deux pouces quarrez pour recevoir des doubles châssis ou contrevents. *Murs de face.*

Et si l'on fait des Pieds droits aux Portes & Croisées de pierres, tant dures que tendres, jusqu'à deux pieds d'épaisseur, toutes les pierres seront parpin, posées en liaison les unes sur les autres, observant que les premieres assises auront dix-huit à vingt pouces de tête, & les autres au-dessus alternativement, de quatorze à quinze pouces, élevées jusques sous les fermetures. Les clavaux seront posez de lit en joint, ayant dix-huit pouces à deux pieds de coupe alternativement ; lesdites pierres fichées, coulées & jointoyées. *Piedsdroits des portes & croisées.*

Seront faits les percemens & ouvertures de Portes, Croisées & autres percemens de toutes sortes d'épaisseurs : les Pieds droits seront construits de moilons massonnez, crépis, enduits de plâtre, & les linteaux avec un latti recouvert d'un crépi & enduit de plâtre ; & en cas qu'il soit employé de la pierre de taille, elle sera payée separement, suivant les constructions ci-devant dites. *Ouvertures des portes & croisées.*

Seront faits les Parpins sous les Cloisons & pans de bois, de pierre dure de sept à huit pouces d'épaisseur, & au moins de quatorze à quinze pouces de hauteur. *Parpins sous les cloisons.*

Seront faites les Marches des Perrons en dehors, Escaliers & Descentes de Caves, avec pierres dures des qualitez ci-devant dites ; celles des Escaliers des hauteurs, largeurs de girons, qui seront reglées d'une seule piece en leurs longueurs, ornées sur le devant d'icelles d'une astragalle, observant les portées dans les murs, & trois pouces de recouvrement l'une sur l'autre, & seront dégauchies par-dessous lorsqu'il sera ordonné ; les autres marches qui ne seront point dégauchies seront faites sans aucun démaigrissement ni diminution de l'épaisseur par-dessous. *Marches desperrons, escaliers, & descentes de caves.*

Les Marches des Perrons seront des mêmes qualitez, des largeurs & hauteurs qui seront reglées, & seront des plus longs morceaux que faire se pourra, lesquelles ne pourront être moindres que de trois ou quatre pieds de longueur. *Marches desperrons.*

Les Marches de descentes de Caves seront aussi des mêmes qualitez & façons de celles ci-dessus, toutes lesquelles marches seront taillées, layées & posées de niveau. *Marches des descentesde caves.*

Tous les Pavez seront de pierres dures de pareille qualité que les marches, de cinq à six pouces, ou de trois à quatre pouces d'épaisseur, taillez proprement, posez en bonnes liaisons, bien de niveau, *Pavez.*

ou en pente reglée, coulez & fichez en mortier de chaux & fable, obfervant que les joints foient les plus petits que faire fe pourra.

Murs de clôtures. Seront faits les Murs de clôtures ; Sçavoir, ceux avec moilons & mortier de chaux & fable, auront deux pieds d'épaiffeur en fondation, au-deffus de laquelle fera faite une retraite de deux pouces de chacun côté, pour avoir vingt pouces d'épaiffeur au rez-de-chauffée, élevez avec fruit, & réduit à dix-huit pouces d'épaiffeur au deffous du chaperon avec bordures, aligné d'un rang de moilons pofez fur le plat, en boutiffes faillantes des deux côtez, lefquels murs feront gobtez en chaux & fable, à moilons apparens des deux côtez.

Mêmes murs. Les Murs de clôtures qui feront faits avec moilons & mortier de terre, & Chaînes de chaux de trois pieds de longueur, de douze pieds en douze pieds, de milieu en milieu ; les chaperons auffi avec mortier de chaux & fable : lefdits murs gobtez en chaux & fable, & moilons apparent des deux côtez, & feront de pareille épaiffeur que ceux ci-deffus.

Mêmes murs. Les Murs de clôtures entierement avec moilons, maffonnez avec mortier de terre franche, feront de pareilles épaiffeurs que ceux ci-deffus, feulement gobtez des deux côtez de chaux & fable, à moilon apparent. Sera obfervé que dans tous lefdits murs au-deffus des fondations, feront pofez des moilons de trois pieds en trois pieds qui feront le parpin des murs.

Aqueducs. Tous les Aqueducs qu'il conviendra faire feront des hauteurs & largeurs qui feront reglées, avec deux murs, dont les pieds droits auront dix-huit pouces d'épaiffeur, conftruits avec moilons & mortier de chaux & fable, & gobtez en chaux à moilons apparens par les dedans.

Voûtes d'Aqueducs. Les Voûtes feront fermées en plein ceintre, autant que faire fe pourra, avec moilons bien gifans, pofez en coupe, maffonnez & gobtez en chaux & fable ; obfervant que le haut de la Voûte aura douze à treize pouces d'épaiffeur à la clef. Lefdites Voûtes feront toifées dans leur pourtour par le milieu de l'épaiffeur, & l'Entrepreneur fera la foüille & tranfport des terres dans toute la largeur & hauteur defdits Aqueducs, jufqu'au couronnement de la Voûte, fans qu'il en puiffe prétendre aucune fomme que ce qui fera convenu pour chacune toife fuperficielle defdits pieds droits & Voûtes ; & à l'égard de la foüille excedente, elle fera payée féparement, compris le remblay.

Chaînes & Arcs des Aqueducs. Et lorfqu'il fera mis des Chaînes & Arcs aux Aqueducs, elles feront conftruites avec pierres dures, chaque pierre faifant le parpin des Murs & Voûtes, & auront deux pieds & quinze pouces de tête alternativement, piquez proprement par leurs paremens interieurs, & feront payez à l'Entrepreneur en plus valeur.

Fonds des Aqueducs. Les fonds defdits Aqueducs feront pavez avec moilons, pofez de champ, de neuf pouces d'épaiffeur, maffonnez en mortier de chaux.

& fable, en obfervant les ruiffeaux neceffaires.

Seront faites les Pierrées qui auront un pied de vuide, les pieds droits feront conftruits avec moilons de meulieres ou cailloux de dix-huit pouces de hauteur, & d'un pied d'épaiffeur, gobtez en chaux & fable, pofez fur un maffif de moilons, pofez de champ, de neuf pouces d'épaiffeur, le tout maffonné avec moilons & mortier de chaux & fable; lefdites Pierrées feront couvertes avec dalles de pierres dures, effemillées, de quatre à cinq pouces d'épaiffeur, des Carrieres de Saint Germain ou de S. Nom; obfervant quatre à cinq pouces au moins de portées fur chacun mur, de maniere qu'il ne puiffe entrer ni fable ni terre dans lefdités Pierrées. L'Entrepreneur fera obligé de faire la foüille & tranfport jufqu'à trois pieds de profondeur, qui fera comprife dans le prix de la toife courante; & fi la foüille eft plus profonde, luy fera payée par excedent, y compris le remblay.

Les Pierrées couvertes de moilons auront fept à huit pouces de vuide, & un pied de hauteur. Les pieds droits feront conftruits avec moilons & mortier de chaux & fable, d'un pied d'épaiffeur, pofez fur un maffif de moilons, pofez de champ, comme deffus; obfervant que les moilons qui ferviront de couvertures feront pofez fur le plat, & auront environ trois pouces de portées fur les murs, & l'Entrepreneur fera obligé de faire fa foüille, comme il eft dit cy-devant.

Les autres Pierrées à pierres féches feront faites avec moilons de meuliere ou cailloux, & auront fix à fept pouces de largeur de vuide fur huit pouces de hauteur: les murs pieds droits de neuf à dix pouces d'épaiffeur, pofez fur un maffif de moilons pofez de champ, & couverts de moilons les plus longs & les plus gifans qui pourront fe trouver, & qui porteront comme deffus fur les pieds droits, & la foüille fera faite comme deffus & ci-devant expliqué.

Seront faits tous les Ouvrages en Brique, comme Languettes, Souches de Cheminées, Contre-cœurs, Potagers, Murs & Aires; pofées en bonnes liaifons les unes fur les autres, tant en lit qu'en joint, maffonnées en mortier de chaux & fable, ou en plâtre, fi befoin eft.

Et lorfqu'il fera ordonné des fermetures de pierres au-deffus des Souches de Cheminées, elles feront conftruites de pierres de S. Leu, de quatorze à quinze pouces de hauteur, ornées de plintes & adouciffemens en gorge, fcellées, cramponnées, fichées, coulées & jointoyées.

LEGERS OUVRAGES.

LEs Souches & Tuyaux de Cheminées feront faits avec plâtre pur de trois pouces d'épaiffeur, bien épigeonnez & non plaquez, à la referve des tuyaux rampans, le tout crépis & enduit de

* B iij

plâtre au fas des deux côtez, avec fermetures & plintes. Sera obfervé qu'à Verfailles & dépendances, les paremens exterieurs des cheminées, façades des Maifons, tant fur les ruës, avenuës, que fur les cours & jardins, feront briquetées, avec des enduits mêlez avec de l'ocre rouge, & les joints tirez au crochet, & remplis après de plâtre.

Planchers creux. Les Planchers creux feront lattez à lattes jointives fur les folives, avec une aire de plâtre pur de deux à trois pouces d'épaiffeur, fait de niveau, enduits par-deffus ou prêts à recevoir le carreau, enduits par-deffous dans les entre-voux quand les folives feront apparentes.

Planchers creux lambriffez. Les autres Planchers creux & qui feront lambriffez par-deffous feront lattez jointifs par-deffous, crépis & enduits de plâtre.

Planchers hourdez. Les Planchers hourdez pleins feront faits avec plâtre & plâtras, & enduits d'après les folives, ou recouverts par-deffous avec un latti de quatre pouces en quatre pouces, crépis & enduits par-deffous.

Cloifons pleines. Les Cloifons pleines feront hourdées avec plâtre & plâtras, enduits d'après iceux, ou lattées de quatre pouces en quatre pouces de diftance, recouvertes de plâtre d'un ou de deux côtez.

Cloifons qui portent à faux. Les Cloifons qui porteront à faux feront creufes & lattées à lattes jointives des deux côtez, crépies & enduites de plâtre.

Cloifons de planches de bateau. Les Cloifons de planches de bateau feront plaquées dans les entre-voux avec plâtre pur, lattées de quatre pouces en quatre pouces, & recouvertes de plâtre des deux côtez.

Corniches de plâtre. Seront faites toutes les Corniches de plâtre au pourtour des plafonds & aux manteaux de cheminées, & toutes les autres faillies d'Architecture, dont les profils feront donnez.

Lambris. Seront faits les Lambris rampans à lattes jointives, recouverts d'un crépi enduit. Recouvrement de tous les bois avec un latti de quatre pouces en quatre pouces, recouverts auffi de plâtre. Exhauffement des chevrons au-deffus de l'entablement, & generalement tous les autres legers Ouvrages; tous les fcellemens neceffaires, tant de Charpenteries, Menuiferies, Fers, qu'autres fcellemens.

Chauffes d'aifances. Les Chauffes d'aifances feront faites avec boiffeaux de terre cuite, de neuf à dix pouces de diametre, bien plombées, emboëtées les unes dans les autres, pofées à plomb avec un hourdi de plâtre de trois pouces d'épaiffeur au pourtour, & enduit de plâtre par-deffus, obfervant les fieges & vantoufes aux endroits neceffaires.

Bornes. Seront faites les Bornes de quatre pieds & demi de haut, compris ce qui fera enterré, conftruites avec la pierre dure de la Chauffée, S. Cloud, arrondies ou à pans, taillées & piquées proprement à grain d'orge, pofées fur un maffif de moilons & mortier de chaux & fable ou de plâtre, de deux pieds quarrez.

Seüils & appuis. Seront faits les Seüils & Appuis avec pierres dures, pofées de niveau ou en pente.

Tous lefquels Ouvrages feront bien & dûëment faits & parfaits ſuivant l'Art de bâtir, & au deſir du preſent Devis. Les Entrepreneurs fourniront de tous materiaux, équipages, échafaudages, peines d'Ouvriers, droits de materiaux, & tout ce qui conviendra pour l'entiere perfection d'iceux; enleveront les gravois aux champs, & rendront place nette, moyennant les prix & les ſommes ci-après declarez ſur chacune qualité, & pour leſquels leſdits Ouvrages leur ſeront adjugez par l'adjudication qui en ſera faite au rabais à l'extinction des feux, en la maniere accoutumée; & leſquels prix leur ſeront payez des fonds à ce deſtinez par Sa Majeſté; à la charge par leſdits Entrepreneurs de donner bonne & ſuffiſante Caution & Certificateur de leur entrepriſe, conformement à la Declaration du Roy du 7. Juin 1708, ſuivant laquelle la reception deſdits Ouvrages ſera faite.

Le preſent DEVIS a été dreſſé par Nous Robert DE COTTE, Chevalier de S. Michel, Conſeiller du Roy & ſon premier Architecte, Intendant general des Bâtimens de Sa Majeſté, en preſence de Tres-haut & puiſſant Seigneur Louis-Antoine DE PARDAILLAN DE GONDRIN, Chevalier des Ordres du Roy, Duc d'Antin, de Mon-teſpan & de Gondrin, Seigneur des Duchez de Bellegarde & d'Eper-non, Conſeiller du Roy en ſes Conſeils, Lieutenant General de ſes Armées, Gouverneur d'Orleans & Pays Orleanois, Lieutenant Gene-ral pour le Roy de la haute & baſſe Alſace, &c. Surintendant & Ordonnateur general des Bâtimens, Jardins, Arts & Manufactures de Sa Majeſté; de Jacques-Charles Billaudel Conſeiller du Roy, Intendant general de ſes Bâtimens; de Jacques Gabriel, Armand-Claude Mollet, & Garnier Diſle Conſeillers du Roy, Controlleurs Generaux des Bâtimens de Sa Majeſté.

Lequel DEVIS, Nous Surintendant & Ordonnateur general des Bâtimens, Jardins, Arts & Manufactures du Roy, ordonnons être publié & affiché aux portes & endroits du Louvre, & l'Hôtel des Bâ-timens à Verſailles & à Marly, aux Portes & endroits du Louvre, du Palais des Tuilleries & des Maiſons Royales à Paris, & aux endroits & Places publiques de Paris, Verſailles & Marly; à ce que ceux qui vou-dront entreprendre de faire leſdits Ouvrages de Maſſonnerie aux clau-ſes & conditions portées audit Devis, ayent à ſe trouver audit Hôtel des Bâtimens, le　　　　　　　　　　dix heures du matin, où leurs offres ſeront reçûës, & leſdits Ouvrages adjugez au moins diſant, à l'extinction des feux en la maniere accoutumée, con-formement à ladite Declaration du Roy du 7. Juin 1708. & dont l'En-trepreneur fera ſa ſoumiſſion. Fait à Verſailles le
Signé, D'ANTIN DE GONDRIN, DE COTTE, BILLAUDEL, GABRIEL, MOLLET, ET DISLE.

DE PAR LE ROY.

PAR Adjudication faite au rabais au moins offrant & dernier Encheriſſeur, à l'extinction des feux, en la maniere accoutumée, conformement à la Declaration du Roy du 7. Juin 1708. en l'Hôtel des Bâtimens du Roy à Verſailles.

Par Tres-haut & puiſſant Seigneur Meſſire Loüis-Antoine de Pardaillan de Gondrin, Chevalier des Ordres du Roy, Duc d'Antin, de Montefpan, & de Gondrin, Seigneur des Duchez de Bellegarde & d'Epernon, Baron d'Oyron, Comte de Murat, & autres Terres, &c. Conſeiller du Roy en ſes Conſeils, Lieutenant General des Armées de Sa Majeſté, Gouverneur d'Orleans & Pays Orleanois, Lieutenant General de la haute & baſſe Alſace, &c. Surintendant & Ordonnateur general des Bâtimens du Roy, Arts & Manufactures de France.

En la preſence de Robert de Cotte, Chevalier de S. Michel, Conſeiller & premier Architecte du Roy, Intendant Géneral des Bâtimens de Sa Majeſté.

De Jacques-Charles Billaudel, auſſi Conſeiller du Roy, Intendant General de ſes Bâtimens.

De Jacques Gabriel, Armand-Claude Mollet, & Garnier Diſle, Conſeillers du Roy, Controlleurs Generaux deſdits Bâtimens de Sa Majeſté.

dix heures du matin, des Ouvrages de Maſſonnerie, pour les reparations & changemens qu'il conviendra faire dans les Bâtimens du Roy au Château de Verſailles, Palais de Trianon, la Ménagerie & leurs dépendances, Château de Marly & Bâtimens en dépendans, Château de Meudon, & Bâtimens auſſi en dépendans.

Appert leſdits Ouvrages de Maſſonnerie, pour les endroits ci-devant déſignez, avoir été adjugez

comme moins offrant & dernier Encheriſſeur, ſur les ordres dudit Seigneur Duc d'Antin, des qualitez & façons ci-deſſus, ainſi & de la maniere qu'ils ſont expliquez au Devis ci-devant écrit, pour le temps & eſpace de   années entieres & conſecutives,

à la charge par l   Entrepreneur   , de bien & duëment faire & parfaire tous leſdits Ouvrages, en tel nombre, quantité & qualité qui feront neceſſaires, ſuivant l'Art de bâtir; & de faire leſdits Ouvrages aux lieux & endroits qui leur ſeront indiquez par les Contrôleurs deſdits Bâtimens; comme auſſi à la charge de fournir de tous materiaux, équipages, échafaudages, peines d'Ouvriers, & tout ce qui conviendra pour l'entiere perfection deſdits Ouvrages, dont la reception ſera faite conformement à la ſuſdite Declaration du Roy, & ce moyennant les prix cy-après expliquez.

S C A V O I R,

Pour chacune toife cube de foüille & tranfport des terres des Caves, foffes d'aifances & autres, à l'eftimation fuivant la portée.

Pour chacune toife cube des Foüilles excedentes pour les Aqueducs & Pierrées, y compris le remblay, la fomme de deux livres.

Pour chacune toife cube de murs en fondation & maffif, conftruits de moilons, & maffonnez de mortier de chaux & fable, y compris la foüille des terres, la fomme de cinquante-fept livres.

Pour chacune toife cube de moilons maffonnez en plâtre, la fomme de foixante livres.

Pour chacune toife fuperficielle de voûtes de Caves, fans compter aucuns reins, la fomme de dix-huit livres.

Pour chacune toife courante de Chaînes & Arcs de pierres dures dans les Caves en plus valeur, la fomme de vingt-huit livres.

Pour chacune toife fuperficielle des Murs de face & de refends, d'un pied d'épaiffeur, conftruits avec moilons & mortier de chaux & fable, crépis & enduits de plâtre des deux côtez, toifez tant plein que vuide, la fomme de treize livres.

Pour chacune toife de Murs de pareille conftruction, de quinze pouces d'épaiffeur, la fomme de quinze livres dix fols.

Pour chacune toife de Murs de pareille conftruction, de dix-huit pouces d'épaiffeur, la fomme de dix-huit livres.

Pour chacune toife de Murs de pareille conftruction, de vingt-un pouces, la fomme de vingt livres dix fols.

Pour chacune toife de Murs de pareille conftruction, de deux pieds d'épaiffeur, la fomme de vingt-trois livres.

Pour chacune toife de Murs de pareille conftruction, de deux pieds un quart d'épaiffeur, la fomme de vingt-cinq livres dix fols.

Pour chacune toife de Murs de pareille conftruction, de deux pieds & demi d'épaiffeur, la fomme de vingt-huit livres.

Pour chacune toife de Murs de pareille conftruction, de deux pieds trois quarts d'épaiffeur, la fomme de trente livres dix fols.

Pour chacune toife de Murs de pareille conftruction, de trois pieds d'épaiffeur, la fomme de trente-trois livres.

Pour chacune toife fuperficielle des murs de face & de refend d'un pied d'épaiffeur, conftruits avec moilons & plâtre, toifez tant plein que vuide, crépis & enduits de plâtre des deux côtez, la fomme de quatorze livres.

Pour chacune toife de Murs de pareille conftruction, de quinze pouces d'épaiffeur, la fomme de feize livres dix fols.

Pour chacune toife de Murs de pareille conftruction, de dix-huit pouces d'épaiffeur, la fomme de dix-neuf livres.

Pour chacune toife de Murs de pareille conftruction, de vingt-un pouces d'épaiffeur, la fomme de vingt-une livres dix fols.

Pour chacune toise de Murs de pareille construction, de deux pieds d'épaisseur, la somme de vingt-quatre livres.

Pour chacune toise de Murs de pareille construction, de deux pieds un quart d'épaisseur, la somme de vingt-six livres dix sols.

Pour chacune toise de Murs de pareille construction, de deux pieds & demi d'épaisseur, la somme de vingt-neuf livres.

Pour chacune toise de Murs de pareille construction, de deux pieds trois quarts d'épaisseur, la somme de trente-une livres dix sols.

Pour chacune toise de Murs de pareille construction, de trois pieds d'épaisseur, la somme de trente-quatre livres.

Et pour lesdits Murs qui ne seront crépis ni enduits de plâtre, la diminution en sera faite suivant l'usage des legers Ouvrages.

Observation. Et sera observé que lorsqu'il y aura de la pierre de taille dans lesdits Murs, la diminution de la superficie d'icelle en sera faite avec les vuides des bayes, & que ladite pierre de taille sera payée séparement, suivant les prix ci-dessous.

Pour chacune toise courante des assises de pierres dures de saint Cloud, qui seront posées au bas des murs de faces & de refends, de quinze pouces d'épaisseur, & à deux paremens sur la hauteur de la pierre, la somme de vingt-cinq livres cinq sols.

Pour chacune toise, *idem*, de dix-huit pouces d'épaisseur, la somme de vingt-six livres dix sols.

Pour chacune toise, *idem*, de vingt-un pouces d'épaisseur, la somme de vingt-sept livres quinze sols.

Pour chacune toise, *idem*, de deux pieds d'épaisseur, la somme de vingt-neuf livres.

Pour chacune toise, *idem*, de deux pieds & un quart d'épaisseur, la somme de trente livres cinq sols.

Et lorsqu'il n'y aura qu'un parement, il sera diminué la somme de trois livres.

Pour chacune toise courante d'Assises de pierres dures de la Chaussée sur la hauteur, & à deux paremens, de quinze pouces d'épaisseur, la somme de vingt-neuf livres.

Pour chacune toise, *idem*, de dix-huit pouces d'épaisseur, la somme de trente livres dix sols.

Pour chacune toise, *idem*, de vingt-un pouces d'épaisseur, la somme de trente-deux livres.

Pour chacune toise, *idem*, de deux pieds d'épaisseur, la somme de trente-trois livres dix sols.

Pour chacune toise, *idem*, de deux pieds & un quart d'épaisseur, la somme de trente-cinq livres.

Et lorsqu'il n'y aura qu'un parement, il sera diminué la somme de trois livres dix sols.

Pour chacune toise superficielle de Murs en percemens de deux pieds d'épaisseur, avec pieds droits ou jambages de portes & croisées, hourdées en plâtre, enduit en leur pourtour, & recouvrement de linteaux & maſſonnerie au-deſſus, la ſomme de douze livres.

Les autres Murs en percemens, de plus ou moins fortes épaiſſeurs, feront payez à proportion.

Pour chacune toiſe courante de Murs de pieds droits de portes ou croiſées en pierres dures de la chauſſée, de deux pieds d'épaiſſeur, & dix-huit pouces de large réduit, la ſomme de quarante-cinq liv.

Pour chacune toiſe courante de pareils Murs en pierres tendres, de deux pieds d'épaiſſeur, la ſomme de vingt-ſept livres.

Les autres Murs, pieds droits, de plus ou moins fortes épaiſſeurs, feront payez à proportion.

Pour chacune toiſe courante des fermetures des portes & croiſées en pierres dures de la chauſſée, de deux pieds d'épaiſſeur, la ſomme de ſoixante-cinq livres.

Et en pierres tendres ſur pareille épaiſſeur, la ſomme de quarante-cinq livres.

Et celles qui auront plus ou moins d'épaiſſeur, feront payées à proportion.

Pour chacun Seüil & Appui de pierre de la chauſſée, de quatre pieds de long, de quinze pouces de large, & ſix pouces d'épaiſſeur, la ſomme de ſept livres dix ſols.

Les autres Seüils & Appuis à proportion de leur longueur, largeur & épaiſſeur.

Pour chacune toiſe ſuperficielle des parpins de pierres de la chauſſée au-deſſous des cloiſons du rez-de-chauſſée, de ſept à huit pouces d'épaiſſeur, ſans compter aucun retour, la ſomme de ſoixante livres.

Pour chacune toiſe ſuperficielle de Marches de pierres dures de la Chauſſée ou de S. Cloud, ornées ſur le devant d'icelles d'architecture, & dégauchies par-deſſous, ſans compter aucune choſe pour les ſaillies, la ſomme de cinquante-cinq livres.

Pour chacune toiſe ſuperficielle deſdites Marches ſans être dégauchies, la ſomme de ſoixante-une livres.

Pour chacune toiſe ſuperficielle de Marches de Perrons, la ſomme de quarante-ſept livres dix ſols.

Pour chacune toiſe de Marches de deſcentes de Caves, la ſomme de trente-ſix livres.

Pour chacune toiſe ſuperficielle de pavez de pierres dures de la chauſſée, de trois à quatre pouces d'épaiſſeur, la ſomme de quarante-deux livres.

Pour chacune toiſe, *idem*, de cinq à ſix pouces d'épaiſſeur, la ſomme de cinquante-une livres.

Pour chacune toiſe ſuperficielle de Murs de clôture en chaux, y compris la fondation, gobtez des deux côtez à moilons apparens, les chaperons toiſez ſeulement pour un pied, la ſomme de quinze livres.

Pour chacune toiſe ſuperficielle de Murs de clôture avec mortier de terre & chaînes de chaux de trois pieds de longueur, de douze

pieds en douze pieds , de milieu en milieu , gobtez en chaux des
deux côtez , le chaperon aussi de mortier de chaux & sable , & compté pour un pied seulement , la somme de douze livres dix sols.

Pour chacune toise de Murs de clôture , massonnez avec mortier
de terre , le chaperon toisé comme dessus , & gobtez en chaux des
deux côtez , la somme de dix livres quinze sols.

Et sans être gobtez de chaux , la somme de dix livres.

Pour chacune toise superficielle de Murs de clôtures avec vieux
moilons de démolition , massonnez en chaux & gobtez des deux côtez à moilons apparens , le chaperon toisé comme dessus , la somme
de huit livres.

Pour chacune toise de Murs de clôtures avec vieux moilons de démolition , hourdez en terre , gobtez en chaux & sable des deux côtez,
& le chaperon toisé comme dessus , la somme de six livres.

Pour chacune toise de Murs , Pieds droits & Voûtes d'Aqueducs,
sans compter aucuns reins , réduits en cube , la foüille du vuide &
remblay payez separément.

Pour chacune toise courante de Chaînes & Arcs de pierres dures,
& piquées par leurs paremens dans lesdits Aqueducs en plus valeur,
la somme de vingt-quatre livres.

Pour chacune toise superficielle de Pavez de moilons de champ,
avec mortier de chaux & sable , la somme de cinq livres.

Pour chacune toise de Pavez de moilons de champ à pierres seiches , la somme de trois livres dix sols.

Pour chacune toise courante de Pierrées avec moilons & mortier
de chaux & sable , massif dans le fond de moilon de champ , & couvertures de dalles de pierres , la somme de onze livres dix sols.

Pour chacune toise courante de Pierrées , avec couvertures de
moilons choisis & massifs , de moilons de champ dans le fond , la
somme de six livres dix sols.

Pour chacune toise courante de Pierrées à pierres seiches , avec
massifs & couvertures de moilons , la somme de quatre livres dix sols.

Pour chacune toise superficielle de Languettes de brique de quatre pouces sans enduit , la somme de seize livres.

Pour celles de six pouces réduit , la somme de vingt-quatre livres.

Les Aires de brique posées sur le plat , maçonnées de chaux &
sable , la toise superficielle , la somme de huit livres.

Pour les Murs de Brique de huit pouces d'épaisseur , la somme
de trente-deux livres.

Pour les Murs de brique d'un pied d'épaisseur , la somme de quarante-huit livres.

Et les crépis & enduits de plâtre qui seront faits sur les Ouvrages
de Brique , seront payez suivant l'usage des legers Ouvrages.

Pour chacune toise courante de fermetures de cheminées de pierres tendres , de quinze pouces de hauteur , sans compter aucunes

faillies de pierres, ni fcellemens de crampons, la fomme de treize livres.

Pour chacune toife fuperficielle de grand Carreau de terre cuite, la fomme de huit livres.

Pour chacune toife fuperficielle de petit Carreau de terre cuite, la fomme de cinq livres quinze fols.

Pour chacun grand Carreau en recherche, la fomme d'un fol trois deniers.

Pour chacun petit Carreau en recherche, la fomme d'un fol.

Pour chacune toife fuperficielle de gobtages en chaux & fable fur des vieux murs, la fomme de quinze fols.

Pour chacune toife de legers Ouvrages en plâtre, toifez aux Uz & Coûtumes de Paris, le Carreau toifé féparement, la fomme de neuf livres.

Pour chacune Borne de Pierres dures de quatre pieds & demi de haut, compris le fcellement, la fomme de feize livres.

Pour les autres Bornes plus ou moins hautes & épaiffes, compris le fcellement, elles feront payées à proportion.

Tous les prix ci-deffus pour Verfailles feulement, & à l'égard des Ouvrages qui feront faits pour Marly, la Machine, S. Germain & Meudon, attendu qu'ils font plus près des Carrieres, Plâtrieres, & de la Riviere, ils feront reglez fur la même proportion de ceux de Verfailles, par rapport aux voitures & valeur des materiaux.

A PARIS,

De l'Imprimerie de Jacques Collombat Imprimeur ordinaire du Roy, du Cabinet, Maiſon, & Bâtimens de Sa Majeſté. 1722.

DEVIS,
CONDITIONS, PRIX
ET ADJUDICATIONS

Des Ouvrages de Maſſonnerie , pour les réparations &
changemens qu'il conviendra faire dans les Maiſons
Royales & autres appartenantes au Roy à Fontaine-
bleau , & dépendances; dreſſé , ſuivant les ordres de
Monſeigneur LE DUC D'ANTIN, Pair de France , &c.
Surintendant & Ordonnateur general des Bâtimens ,
Jardins , Arts & Manufactures de Sa Majeſté , par
Monſieur DE COTTE , Chevalier de l'Ordre de Saint
Michel , Conſeiller du Roy , premier Architecte &
Intendant des Bâtimens de Sa Majeſté.

Qualitez des Materiaux qui ſeront employez auſdites
Réparations , Bâtimens & Changemens.

ES Mortiers ſeront compoſez d'un tiers de la meil- Mortiers.
leure chaux du pays , & les deux autres tiers du meil-
leur ſable qui s'employe ordinairement, bien broyez
& incorporez enſemble.

 Les Moilons ſeront durs , & de la meilleure qualité Moilons.
qui s'employent ordinairement audit lieu , ébouſinez , eſſemillez ,
& poſez ſur leur plat , en bonnes liaiſons , ou ſur leur champ , ſuivant que la qualité de l'Ouvrage pourra le requerir.

 Les Grais qui s'employeront ſeront des Carrieres ordinaires de Grais.

✳ C

Montchauvet, blancs, sans bouzin; & les Pierres tendres de S. Leu,
le tout sans fils ny moyes qui les traversent ni qui paroissent, à six
pouces près des paremens. Les Grais seront proprement piquez, &
les Pierres tendres layées & repassées au fer, posées en liaisons, de
sept, huit à neuf pouces, tant en leur lit qu'en leur joint, coulées,
fichées & jointoyées avec mortier des qualitez susdites.

Coins de Grais. Les Coins de Grais qui seront employez seront de Grais dur, &
des longueurs ordinaires, de vingt-deux à vingt-quatre pouces, sur
six pouces en quarré.

Plâtre. Les Plâtres seront des Carrieres de Momust & d'autour de Paris,
bien cuits.

Brique. Toutes les Briques seront de la meilleure qualité qui s'employent
ordinairement, posées en bonnes liaisons, maçonnées avec mortier
de chaux & sable, ou plâtre pur s'il est besoin.

Carreaux. Les Carreaux de terre cuite, tant grands que petits, seront à six
pans, de Melun & de bonnes qualitez, posez en Plâtre pur, & bien
de niveau.

Lattes. Les Lattes seront de cœur de chêne sans aubier, posées en liaisons, & cloüées sur chacune solive, poteaux & chevrons.

CONSTRUCTION.

Foüilles & Vuidanges des terres. SEront faites la Foüille & Vuidange des terres pour les Caves &
Fosses d'Aisances, Tranchées & Rigolles pour la fondation des
Murs, jusques sur le bon & solide fonds, conduites de niveau ou
par redans.

Murs en fondation. Les Murs en fondation seront levez entre deux lignes, & non
bloquez contre les terres.

Murs en fondation & massif. Seront faits tous les murs en fondations & massifs, avec moilons
& mortiers des qualitez susdites, lesquels seront toisez & reduits en
cube.

Voûtes des Caves & fosses d'ai-sances. Les Voûtes des Caves & Fosses d'aisances seront faites en plein
ceintre, construites avec moilons bien gisans, ou tablettes de Grais,
suivant que la necessité le requerera, posées sur le plat, en coupe,
en bonnes liaisons, hourdées de mortier ordinaire, recouvert d'un
enduit de mortier blanc, observant que lesdites Voûtes ayent au
moins quinze pouces d'épaisseur à la clef: les reins seront remplis
avec moilons & mortier de chaux & sable, arrazez de niveau d'après
le couronnement desdites voûtes.

Chaînes & Coins de Grais. Les Chaînes de Coins de Grais qui seront mises aux murs dans les
Caves, seront de deux coins en parement, & deux en boutisses alternativement les unes sur les autres, observant que ceux en parement
seront aussi doubles sur l'épaisseur, & se continueront lesdites Chaînes dans les Arcs, s'il est jugé necessaire.

Murs de face. Les Murs de faces & de refends au-dessus des fondations, de tou-

tes fortes d'épaifleurs, foit par reprifes ou autrement, feront conftruits de moilons & Coins de Grais fuivant l'ufage du pays, pofez
en bonnes liaifons, maffonnez avec mortier des qualitez fufdites.

Et fi l'on fait des Pieds droits de Grais aux Portes & Croifées, *Piedsdroits des portes & croifées.*
jufqu'à deux pieds d'épaiffeur, touts les Grais feront parpin, pofez
en liaifon les uns fur les autres : les premieres affifes auront dix-huit
à vingt pouces de tête, celles au-deffus quatorze à quinze pouces,
& alternativement jufques fous les fermetures. Les claveaux defdites
fermetures de même, le tout bien fiché, coulé & jointoyé.

Seront faits les percemens & ouvertures des Portes, Croifées & au- *Percemens & ouvertu-res des por-tes & croi-fées.*
tres de toutes fortes d'épaiffeurs : les Pieds droits feront conftruits
de Coins de Grais, maffonnez avec mortier comme deffus, crépis,
enduits de plâtre ou mortier blanc, & les linteaux avec un latti recouvert d'un crépi & enduit de plâtre; & en cas qu'il foit employé du
Grais piqué, il fera payé féparement.

Les Parpins fous les Cloifons & pans de bois feront faits de Grais, *Parpins.*
de fept à huit pouces d'épaiffeur, & au moins de douze pouces de
hauteur.

Les Marches des Perrons en dehors, Efcaliers & Defcentes de Ca- *Marches desperrons, efcaliers, & defcentes de caves.*
ves feront faites de Grais des qualitez ci-devant dites; celles des Ef-
caliers des hauteurs, largeurs de girons, qui feront reglées d'une
feule piece, ornées fur le devant d'une aftragalle, obfervant les portées dans les murs, & trois pouces de recouvrement l'une fur l'autre,
& dégauchies par-deffous lorfqu'il fera ordonné; les autres marches
qui ne feront point dégauchies feront faites fans aucun démaigriffe-
ment ni diminution de l'épaiffeur par-deffous.

Les Marches des Perrons feront de mêmes qualitez en largeurs & *Mêmes Marches.*
hauteurs ci-deffus reglées, & feront des plus longs morceaux que
faire fe pourra, lefquelles ne pourront être moindres que de trois à
quatre pieds de longueur.

Les Marches de defcentes de Caves feront auffi des mêmes qua- *Marches des defcen-tesdecaves.*
litez & façons de celles ci-deffus, des longueurs neceffaires & d'une
feule pierre, toutes lefquelles marches feront proprement piquées,
& pofées de niveau.

Seront faits les Murs de clôtures; Sçavoir, ceux avec moilons & *Murs de clôtures a-vecmoilons*
mortier de chaux & fable, & Chaînes de Coins de Grais, de neuf pieds
en neuf pieds, lefquels auront deux pieds d'épaiffeur en fondation,
au-deffus de laquelle fera faite une retraite de deux pouces de chacun
côté, pour avoir vingt pouces d'épaiffeur au rez-de-chauffée, élevez
avec fruit, & réduit à dix-huit pouces d'épaiffeur au deffous du chaperon, lequel fera conftruit d'un rang de Tablettes de grais, pofées
fur le plat, faillantes des deux côtez, avec un adouciffement de moilons au-deffus; lefdits murs feront gobtez avec mortier de chaux &
fable, à moilons apparens.

Les Murs de clôtures qui feront faits avec moilons & mortier de *Mêmes murs.*

tuf, auront des Chaînes de Coins de Grais, de neuf pieds en neuf pieds, maſſonnez avec mortier de chaux & ſable auſſi-bien que le chaperon ; leſdits murs gobtez en chaux à moilon apparent des deux côtez, & feront de pareille épaiſſeur que ceux ci-deſſus.

Murs de clôtures ſàs Chaînes. Les Murs de clôtures ſans chaînes, conſtruits ſeulement de moilons, maſſonnez avec mortier de tuf, feront de pareilles épaiſſeurs que ceux ci-deſſus, & gobtez des deux côtez avec mortier de chaux & ſable à moilons apparens, obſervant que dans tous leſdits murs au-deſſus des fondations, ſera mis des Coïns de Grais ou des moilons de trois pieds en trois pieds qui feront le parpin des murs.

Aqueducs. Tous les Aqueducs qu'il conviendra faire feront des hauteurs & largeurs qui feront reglées, dont les murs auront au moins dix-huit pouces d'épaiſſeur, conſtruits avec Coins aux paremens interieurs, & le reſte d'épaiſſeur de moilons & mortier de chaux & ſable.

Voûtes. Les Voûtes feront fermées en plein ceintre, autant que faire ſe pourra, avec Tablettes de grais poſées en coupe, & ne pourront avoir moins de douze à treize pouces d'épaiſſeur à la clef. Leſdites Voûtes feront toiſées dans leur pourtour par le milieu de l'épaiſſeur, & l'Entrepreneur fera la foüille & tranſport des terres, dans toute la largeur & hauteur deſdits Aqueducs, juſqu'au couronnement de la Voûte, ſans qu'il en puiſſe prétendre aucune ſomme que ce qui ſera convenu pour chacune toiſe ſuperficielle deſdits Murs & Voûtes ; & la foüille excedente ſera payée ſéparement, y compris le remblay.

Et lorſqu'il fera mis des Chaînes & Arcs auſdits Aqueducs, elles feront conſtruites avec Grais dur, chaque pierre faiſant le parpin des Murs & Voûtes, & auront deux pieds & quinze pouces de tête alternativement, piquez proprement par leurs paremens interieurs, & feront payez à l'Entrepreneur en plus valeur.

Fonds des Aqueducs. Les fonds deſdits Aqueducs feront pavez de grais à l'ordinaire, de cinq à ſix pouces d'épaiſſeur, employez avec mortier de chaux & ciment, obſervant les ruiſſeaux & pentes neceſſaires.

Pierrées. Seront faites les Pierrées d'un pied de vuide, dont les pieds droits feront conſtruits avec Coins d'un pied d'épaiſſeur, & de dix-huit pouces au moins de haut, ſur un maſſif de moilons poſez de champ, de neuf pouces d'épaiſſeur, le tout maſſonné avec mortier de chaux & ſable ; leſdites Pierrées feront couvertes de Tablettes de grais de quatre à cinq pouces d'épaiſſeur, & de vingt pouces au moins de long, pour avoir quatre pouces de portées ſur chacun mur, obſervant de les bien joindre, pour qu'il ne puiſſe entrer ni ſable ni terre dans leſdites Pierrées. L'Entrepreneur ſera obligé de faire la foüille dans le prix de la toiſe courante ; & ſi la foüille excede, elle luy ſera payée ſéparement, y compris le remblay.

Ouvrages en brique. Seront faits tous les Ouvrages en Brique, comme Jambages, Lan-

guettes, Souches de Cheminées, Contre-cœurs, Potagers, Murs &
Aires; lesquels feront posez en bonnes liaisons tant en lit qu'en joint,
& feront maffonnez avec mortier de chaux & fablé, ou en plâtre, fi
befoin eft.

Et lorfqu'il fera fait des fermetures de pierres au-deffus des Che- Fermetures
minées, elles feront conftruites de pierres de S. Leu ou Grais, ornées de pierres.
fuivant les hauteurs qui feront marquées.

LEGERS OUVRAGES.

LEs Tuyaux & Souches de Cheminées feront faits avec Brique	Tuyaux &
de quatre pouces d'épaiffeur, bien pofez en liaifons avec mor-	Souches de
tier de chaux & fable, & feront crépies & enduites des deux côtez de	cheminées.
mortier blanc, obfervant les plintes & ornemens aux fermetures.

Les Planchers creux feront lattez à lattes jointives fur les folives,	Planchers.
avec une aire de plâtre pur de deux à trois pouces d'épaiffeur, mis
de niveau pour recevoir le carreau, & les entre-voux feront enduits
par-deffous entre les folives quand elles feront apparentes.

Les autres Planchers creux feront lattez par-deffous à lattes jointi-	Planchers
ves, crépis & enduits de plâtre.	creux.

Les Planchers hourdez pleins feront faits avec plâtre & plâtras,	Planchers
& enduits d'après les folives : ceux qui feront recouverts, feront lat-	hourdez.
tez de quatre pouces en quatre pouces, crépis & enduits.

Les Cloifons pleines feront hourdées avec plâtre & plâtras, en-	Cloifons
duits d'après les poteaux : celles qui feront recouvertes feront lattées	pleines.
de quatre pouces en quatre pouces, crépies & enduites.

Les Cloifons qui porteront à faux feront creufes & lattées de lat-	Cloifons
tes jointives des deux côtez, crépies & enduites de plâtre.	qui portent
	à faux.

Les Cloifons de planches de bateau feront plaquées dans les entre-	Cloifons de
voux avec plâtre pur, lattées de quatre pouces en quatre pouces, &	planches de
recouvertes de plâtre des deux côtez.	bateau.

Toutes les Corniches de plâtre au pourtour des plafonds & man-	Corniches
teaux de cheminées, & toutes les autres faillies d'Architecture, feront	de plâtre.
faites fuivant les profils qui en feront donnez.

Seront faits les Lambris rampans à lattes jointives, recouverts d'un	Lambris.
crépi & enduit de plâtre.

Les Recouvremens des bois des combles feront faits avec un latti	Recouvre-
de quatre pouces en quatre pouces, recouverts auffi de plâtre.	ment.

Les Exhauffemens des chevrons au-deffus des entablemens, les	Exhauffe-
fcellemens neceffaires, tant de Charpenteries, Menuiferies & Fers,	ment.
qu'autres, & generalement tous les autres legers Ouvrages, feront
faits en plâtre.

Les Chauffes d'aifances feront faites avec boiffeaux de terre cuite,	Chauffes
de neuf à dix pouces de diametre, bien plombées, emboëtées les	d'aifances.
unes dans les autres, pofées à plomb avec un hourdi de plâtre de trois

pouces d'épaiſſeur au pourtour, & enduit de plâtre par-deſſus, obſervant les ſieges & vantouſes aux endroits neceſſaires.

Bornes. Seront faites les Bornes de Grais de quatre pieds & demi de haut compris ce qui ſera enterré, arrondies ou à pans, taillées & piquées proprement, poſées ſur un maſſif de mortier de chaux & ſable, ou de plâtre, de deux pieds en quarré.

Seüils & appuis. Les Seüils & Appuis ſeront auſſi de Grais poſez de niveau, obſervant le devers pour l'écoulement des eaux.

Tous leſquels Ouvrages ſeront bien & dûément faits & parfaits ſuivant l'Art de bâtir, & au deſir du preſent Devis. Les Entrepreneurs fourniront tous les materiaux, équipages, échafaudages, peines d'Ouvriers, & tout ce qui conviendra pour l'entiere perfection d'iceux ; enleveront les gravois aux champs, & rendront place nette, moyennant les prix & ſommes ci-après declarez ſur chacune qualité, & pour leſquels leſdits Ouvrages leur ſeront adjugez par l'adjudication qui en ſera faite au rabais à l'extinction des feux, en la maniere accoutumée ; & leſquels prix leur ſeront payez des fonds à ce deſtinez par Sa Majeſté ; à la charge par leſd. Entrepreneurs de donner bonne & ſuffiſante Caution & Certificateur de leur entrepriſe, conformement à la Declaration du Roy du 7. Juin 1708, ſuivant laquelle la reception deſdits Ouvrages ſera faite.

Le preſent DEVIS a été dreſſé par Nous Robert DE COTTE, Chevalier de S. Michel, Conſeiller du Roy & ſon premier Architecte, Intendant general des Bâtimens de Sa Majeſté, en preſence de Treshaut & puiſſant Seigneur Louis-Antoine DE PARDAILLAN DE GONDRIN, Chevalier des Ordres du Roy, Duc d'Antin, de Monteſpan & de Gondrin, Seigneur des Duchez de Bellegarde & d'Epernon, Conſeiller du Roy en ſes Conſeils, Lieutenant General de ſes Armées, Gouverneur d'Orleans & Pays Orleanois, Lieutenant General pour le Roy de la haute & baſſe Alſace, &c. Surintendant & Ordonnateur general des Bâtimens, Jardins, Arts & Manufactures de Sa Majeſté ; de Jacques-Charles Billaudel Conſeiller du Roy, Intendant general de ſes Bâtimens ; de Jacques Gabriel, Armand-Claude Mollet, & Garnier Diſle Conſeillers du Roy, Controlleurs Generaux des Bâtimens de Sa Majeſté.

Lequel DEVIS, Nous Surintendant & Ordonnateur general des Bâtimens, Jardins, Arts & Manufactures du Roy, ordonnons être publié & affiché aux portes & endroits du Louvre, & l'Hôtel des Bâtimens à Verſailles, aux Portes & endroits du Louvre, du Palais des Tuilleries & des Maiſons Royales à Paris, aux Portes & endroits du Château de Fontainebleau & dépendances ; à ce que ceux qui voudront entreprendre de faire leſdits Ouvrages de Maſſonnerie aux clauſes & conditions portées audit Devis, ayent à ſe trouver audit Hôtel des Bâtimens, le   dix heures du matin, où leurs offres ſeront reçûës, & leſdits Ouvrages adjugez au

moins difant, à l'extinction des feux en la maniere accoutumée, conformement à ladite Declaration du Roy du 7. Juin 1708. & dont l'Entrepreneur fera fa foumiffion. Fait à Verfailles le
Signé, D'ANTIN DE GONDRIN, DE COTTE, BILLAUDEL, GABRIEL, MOLLET, ET DISLE.

DE PAR LE ROY.

PAR Adjudication faite au rabais au moins offrant & dernier Encheriffeur, à l'extinction des feux, en la maniere accoutumée, conformement à la Declaration du Roy du 7. Juin 1708. en l'Hôtel des Bâtimens du Roy à Verfailles.

Par Tres-haut & puiffant Seigneur Meffire Loüis-Antoine de Pardaillan de Gondrin, Chevalier des Ordres du Roy, Duc d'Antin, de Montefpan, & de Gondrin, Seigneur des Duchez de Bellegarde & d'Epernon, Baron d'Oyron, Comte de Murat, & autres Terres, &c. Confeiller du Roy en fes Confeils, Lieutenant General des Armées de Sa Majefté, Gouverneur d'Orleans & Pays Orleanois, Lieutenant General de la haute & baffe Alface, &c. Surintendant & Ordonnateur general des Bâtimens du Roy, Arts & Manufactures de France.

En la prefence de Robert de Cotte, Chevalier de S. Michel, Confeiller & premier Architecte du Roy, Intendant General des Bâtimens de Sa Majefté.

De Jacques-Charles Billaudel, auffi Confeiller du Roy, Intendant General de fes Bâtimens.

De Jacques Gabriel, Armand-Claude Mollet, & Garnier Difle, Confeillers du Roy, Controlleurs Generaux defdits Bâtimens de Sa Majefté.

dix heures du matin, des Ouvrages de Maffonnerie, pour les reparations & changemens qu'il conviendra faire dans les Bâtimens du Roy au Château de Fontainebleau, & Bâtimens en dépendans.

APPERT lefdits Ouvrages de Maffonnerie, pour les endroits ci-devant défignez, avoir été adjugez

comme moins offrant & dernier Encheriffeur, fur les ordres dudit Seigneur Duc d'Antin, des qualitez & façons ci-deffus, ainfi & de la maniere qu'ils font expliquez au Devis ci-devant écrit, pour le temps & efpace de   années entieres & confecutives,
                                      à la charge par
1   Entrepreneur   , de bien & duëment faire & parfaire tous lefdits Ouvrages, en tel nombre, quantité & qualité qui feront neceffaires, fuivant l'Art de bâtir; & de faire lefdits Ouvrages

aux lieux & endroits qui leur feront indiquez par les Contrôleurs defdits Bâtimens ; comme auſſi à la charge de fournir de tous materiaux, équipages, échafaudages, peines d'Ouvriers, & tout ce qui conviendra pour l'entiere perfection defdits Ouvrages, dont la reception fera faite conformement à ladite Declaration du Roy, & de faire enlever les gravois aux champs, & rendre places nettes, & ce moyennant les prix cy-après expliquez.

SCAVOIR,

Pour chacune toiſe cube de foüille & tranſport des terres des Caves, foſſes d'aiſances & autres, la ſomme de huit livres.

Pour chacune toiſe cube des Foüilles excedentes des Aqueducs & Pierrées, y compris le remblay, la ſomme de cinquante ſols.

Pour chacune toiſe cube de murs en fondation & maſſif, conſtruits de moilons, de mortier de chaux & ſable, y compris la foüille des terres, la ſomme de quarante-huit livres.

Pour chacune toiſe ſuperficielle de voûtes de Caves, les reins compris, la ſomme de vingt-une livres.

Pour chacune toiſe ſuperficielle des Murs de face & de refends, d'un pied d'épaiſſeur, conſtruits avec moilons & mortier de chaux & ſable, y compris les Coins, crépis & enduits des deux côtez, tant plein que vuide, la ſomme de huit livres.

Pour chacune toiſe de Murs de pareille conſtruction, de quinze pouces d'épaiſſeur, la ſomme de dix livres.

Pour chacune toiſe de Murs de pareille conſtruction, de dix-huit pouces d'épaiſſeur, la ſomme de douze livres.

Pour chacune toiſe de Murs de pareille conſtruction, de vingt-un pouces d'épaiſſeur, la ſomme de quatorze livres.

Pour chacune toiſe de Murs de pareille conſtruction, de deux pieds d'épaiſſeur, la ſomme de ſeize livres.

Pour chacune toiſe de Murs de pareille conſtruction, de deux pieds un quart d'épaiſſeur, la ſomme de dix-huit livres.

Pour chacune toiſe de Murs de pareille conſtruction, de deux pieds & demi d'épaiſſeur, la ſomme de vingt livres.

Pour chacune toiſe de Murs de pareille conſtruction, de deux pieds trois quarts d'épaiſſeur, la ſomme de vingt-trois livres.

Pour chacune toiſe de Murs de pareille conſtruction, de trois pieds d'épaiſſeur, la ſomme de vingt-ſix livres.

Et pour les Murs qui ne ſeront crépis ni enduits de plâtre, la diminution en ſera faite ſuivant l'uſage des legers Ouvrages.

Obſervation.

Et ſera obſervé, lorſqu'il y aura de la Graiſerie dans leſdits Murs, que la diminution de la ſuperficie d'icelle en ſera faite avec les vuides des bayes, & que ladite Graiſerie ſera payée ſéparement, ſuivant les prix ci-deſſous.

SCAVOIR,

Pour chacune toife courante des affifes de Grais, qui feront pofées au bas des murs de faces & de refends, de quinze pouces d'épaiffeur, fur un pied de haut, & à deux paremens, la fomme de quinze livres.

Pour chacune toife, *idem*, de dix-huit pouces d'épaiffeur, la fomme de dix-fept livres.

Pour chacune toife, *idem*, de vingt-un pouces d'épaiffeur, la fomme de dix-neuf livres.

Pour chacune toife, *idem*, de deux pieds d'épaiffeur, la fomme de vingt-une livres.

Pour chacune toife, *idem*, de deux pieds un quart d'épaiffeur, la la fomme de vingt-trois livres.

Pour chacune toife, *idem*, de deux pieds & demi d'épaiffeur, la fomme de vingt-cinq livres.

Et lorfqu'il n'y aura qu'un parement, il fera diminué la fomme de trois livres.

Pour chacune toife fuperficielle de Murs en percemens de deux pieds d'épaiffeur, avec pieds droits ou jambages de portes & croifées, hourdées en plâtre, enduit en leur pourtour, & recouvrement des linteaux & maffonnerie au-deffus, la fomme de feize livres.

Les autres Murs en percemens, de plus ou moins fortes épaiffeurs, feront payez à proportion.

Pour chacune toife courante de pieds droits, de portes ou croifées de Graiferie de deux pieds d'épaiffeur, & de dix-huit pouces de large réduit, la fomme de cinquante-quatre livres.

Pour chacune toife des fermetures des portes & croifées en Grais de pareilles épaiffeurs, la fomme de foixante livres.

Les autres pieds droits ou fermetures, de plus ou moins fortes épaiffeurs, feront payez à proportion.

Pour chacun Seüil & Appui de quatre pieds de long, de quinze pouces de large, & fix pouces d'épaiffeur, la fomme de dix livres.

Les autres Seüils & Appuis à proportion de leur longueur, largeur & épaiffeur.

Pour chacune toife fuperficielle des parpins de grais fous les cloifons du rez-de-chauffée, de fept à huit pouces d'épaiffeur, fans compter aucun retour, la fomme de foixante-dix livres.

Pour chacune toife fuperficielle de Marches ornées d'architecture, & dégauchies par-deffous, fans compter de faillies, la fomme de quatre-vingt dix livres.

Pour chacune toife fuperficielle defdites Marches, fans architecture ni dégauchiffement, tant des Efcaliers que des Perrons, la fomme de cinquante-quatre livres.

Pour chacune toife fuperficielle de Marches de defcentes de Caves , la somme de quarante-cinq livres.

Pour chacune toise superficielle de Murs de clôture en chaux , y compris les chaînes & la fondation , gobtez des deux côtez à moilons apparens , les chaperons toisez seulement pour un pied , la somme de douze livres.

Pour chacune toise superficielle de Murs de clôture avec chaînes & mortier de tuf , gobtez en chaux des deux côtez à moilon apparent , le chaperon & chaîne aussi en mortier de chaux & sable , toisé comme dessus , la somme de dix livres.

Pour chacune toise superficielle de Murs de clôture avec mortier de tuf , sans chaînes ni gobtez , la somme de huit livres.

Pour chacune toise superficielle de Murs de clôtures en vieux moilons de démolition , massonnez en chaux , gobtez des deux côtez à moilons apparens , le chaperon toisé comme dessus , la somme de dix livres.

Pour chacune toise de Murs de clôtures en vieux moilons de démolition , massonnez en tuf , gobtez en chaux & sable des deux côtez avec le chaperon toisé comme dessus , la somme de huit livres.

Pour chacune toise de Murs , Pieds droits & Voûtes d'Aqueducs , sans compter aucuns reins , la somme de dix-huit livres.

Pour chacune toise courante des Chaînes & Arcs de Graiserie , piquez par leurs paremens dans lesdits Aqueducs en plus valeur , la somme de dix-sept livres.

Pour chacune toise cube de Pavez de moilons de champ ou massif sous lesdits Murs , la somme de cinquante-cinq livres.

Pour chacune toise courante de Pierrées avec moilons , coins & mortier de chaux & sable , massif dans le fond de moilon de champ , & couvertes de tablettes de grais , la somme de seize livres.

Pour chacune toise superficielle de tous les Ouvrages de brique de quatre pouces d'épaisseur , les joints faits à la maniere du pays , la somme de dix-huit livres.

Et les autres de plus fortes ou de moindres épaisseurs , seront payées à proportion.

Et les crépis & enduits de plâtre ou de mortier blanc qui seront faits sur les Ouvrages de Brique , seront payez en legers Ouvrages selon l'usage.

Pour chacune toise superficielle de grand Carreau de terre cuite , la somme de douze livres.

Pour chacune toise superficielle de petit Carreau , la somme de dix livres.

Pour chacun grand Carreau en recherche , la somme de deux sols.

Pour chacun petit Carreau en recherche , la somme d'un sol six deniers.

Pour chacune toise superficielle de crépis & enduits de chaux &

fable fur les vieux murs, la fomme de trois livres.

Pour chacune toife de legers Ouvrages en plâtre, toifez aux Uz & Coûtumes de Paris, le Carreau toifé féparement, la fomme de onze livres.

Pour chacune Borne de Grais de quatre pieds & demi de haut, compris le maffif & le fcellement, la fomme de quinze livres.

Pour les autres Bornes plus ou moins hautes & épaiffes, compris le fcellement, elles feront payées à proportion.

A PARIS,

De l'Imprimerie de Jacques Collombat Imprimeur ordinaire du Roy, du Cabinet, Maison, & Bâtimens de Sa Majesté. 1722.

DEVIS,
CONDITIONS, PRIX
ET ADJUDICATIONS

Des Ouvrages de Charpenterie qu'il conviendra faire pour les Bâtimens du Roy, Maisons Royales & autres appartenantes à Sa Majesté, tant à Paris, Versailles, & ses dépendances, qu'à Marly, Meudon, S. Germain & Fontainebleau; dressé, suivant les ordres de Monseigneur le Duc d'Antin, Pair de France, &c. Surintendant & Ordonnateur general des Bâtimens, Jardins, Arts & Manufactures de Sa Majesté, par Monsieur de Cotte, Chevalier de l'Ordre de Saint Michel, Conseiller du Roy, premier Architecte & Intendant desdits Bâtimens de Sa Majesté.

PREMIEREMENT.

TOUS les Bois seront de Chêne loyaux & marchands, sains, nets, sans nœuds vicieux, & seront bien assemblez à tenons & mortaises chevillez, le tout suivant l'art de Charpenterie.

Les Planchers seront faits bien de niveau par-dessous. Toutes les solives seront posées sur le champ, à la reserve des solives des entresols qui seront posées sur le plat, & seront espacées de six pouces d'entre-voux pour les solives de sciage, les autres solives de Brin de sept ou huit pouces d'entre-voux, à

✱ D

proportion de leurs groſſeurs, & ſeront obſervez les encheveſtrures, cheveſtres pour les paſſages des tuyaux de cheminées, linceoirs, & autres paſſages qu'il conviendra ; les Poûtres & Solives auront leurs portées ſuffiſantes.

Les Sablieres qui ſeront neceſſaires contre les murs pour porter les ſolives, ſeront des longueurs & groſſeurs à proportion des planchers, entaillées pour l'épaiſſeur des corbeaux, & délardées pour la ſaillie des Corniches.

Tous les Pans de Bois & Cloiſons qui porteront planchers & autres de ſéparations, ſeront garnis de ſablieres, entre-toiſes, décharges, poteaux, eſpacez de dix pouces d'entre-voux, & ſeront obſervées les bayes des portes & croiſées neceſſaires qui ſeront marquées par les plans, avec linteaux, appuis & potelets.

Seront faits tous les Combles, tant ceux qui ſeront briſez que les autres, à deux égoûts & en appentis avec leurs aſſemblages de fermes, demies fermes, jambes de forces, liens, entraits, poinçons, faîtes & ſous-faîtes, noües, éretiers, pannes de brezils, & autres pannes, chevrons, coyaux, lucarnes droites, bombées & ceintrées, & tout ce qui ſera neceſſaire, ſuivant les plans & meſures qui en ſeront donnez.

Seront poſées des plattes-formes ſur les murs, aſſemblées à queuë d'hironde, où ſeront marquez les pas des chevrons, leſquels chevrons ſeront brandis ſur les pannes, & couronnez par le faîte, eſpacez de quatre à la latte, & les coyaux ſeront droits ou ceintrez, bien attachez ſur leſdits chevrons.

Seront faits tous les Eſcaliers avec limon, droits ou ceintrez ; les marches des palliers & autres, le tout raboté & carderonné.

Les Barrieres ſeront faites avec poteaux, eſpacées ſuivant la longueur des travées & des liſſes, le tout de bois bien refait, de toutes les faces, & carderonnez ſur l'éreſte lorſqu'il ſera ordonné.

Seront faites les Mangeoires des Ecuries, Rateliers, avec bois bien dreſſé & raboté, les Rateliers garnis de roulons tournez, les piliers d'Ecuries auſſi tournez.

Groſſeurs des Bois mis en œuvre

P O U T R E S.

Celles de douze pieds auront douze pouces de gros.
Juſqu'à quinze pieds, de douze & treize pouces de gros.
Juſqu'à dix-huit pieds, de treize & quatorze pouces.
Juſqu'à vingt-un pieds, de quatorze & quinze pouces.
Juſqu'à vingt-quatre pieds, de quinze & ſeize pouces.
Juſqu'à vingt-ſept pieds, de ſeize & dix-ſept pouces.
Juſqu'à trente pieds, de dix-ſept & dix-huit pouces.

Jufqu'à trente-trois pieds, de dix-huit & dix-neuf pouces.
Jufqu'à trente-fix pieds, de dix-neuf & vingt pouces.

SOLIVES DE SCIAGE.

Celles jufques & compris neuf pieds de long, de quatre & fix pouces de gros.

Et les folives d'encheveftrures, de cinq & fept pouces.

Jufqu'à douze pieds de long, de cinq & fept pouces, les encheveftrures de fix & fept pouces.

Celles de quinze pieds, de fix & fept pouces, les encheveftrures de fept & huit pouces.

SOLIVES DE BRIN.

Celles jufqu'à dix-huit pieds de long, de fept & huit pouces, les encheveftrures de huit & neuf pouces.

Jufqu'à vingt-un pieds, de huit à neuf pouces, les encheveftrures de dix à onze pouces.

Jufqu'à vingt-quatre pieds, de neuf à dix pouces, les encheveftrures de onze à douze pouces.

Jufqu'à vingt-fept pieds, de onze à douze pouces, les encheveftrures de treize à quatorze pouces.

Celles jufqu'à trente pieds, de douze à treize pouces, les encheveftrures de treize à quatorze pouces.

Pans de bois & Cloifons qui portent Planchers.

Tous les Poteaux feront de cinq & fept pouces, efpacez de dix pouces d'entre-voux, les fablieres par bas de même groffeur, celles d'en-haut recevans la portée des folives, de huit & dix pouces de gros, pofées fur le plat ; les décharges de cinq & dix pouces ; les poteaux-cormiers à proportion de leurs hauteurs, & les autres fablieres au droit des entablemens feront de neuf & dix pouces ; tous lefdits Poteaux feront ruillez & tamponnez fi befoin eft.

Les Cloifons qui porteront à faux fur les Planchers, les Sablieres, Poteaux & Entre-toifes, fi befoin eft, feront de quatre à fix pouces ou de tiers poteaux, fuivant les ordres qui feront donnez, efpacées comme deffus.

Les autres Cloifons de planches de chêne de bateau, feront efpacées de trois pouces d'entre-voux, avec couliffes & huifferies des portes de chevrons, de trois & quatre pouces.

COMBLES.

Les Plates-formes fur les murs, & celles pour retenir les jambes de forces , auront trois & dix pouces de gros , affemblées à queuës d'hironde.

Les Entraits ou Tirans qui porteront planchers , feront des grof-feurs ci après déclarées , SÇAVOIR :

Ceux de douze pieds de longueur , auront neuf à dix pouces de gros.

Ceux de pareille longueur qui ne porteront point plancher , de huit à neuf pouces.

Ceux jufqu'à quinze pieds , de dix & onze pouces.

Et fans planchers , de huit & neuf pouces.

Jufqu'à dix-huit pieds , de douze pouces.

Et fans planchers , de neuf & dix pouces.

Jufqu'à vingt-un pieds , de douze & treize pouces.

Et fans planchers , de onze pouces.

Jufqu'à vingt-quatre pieds , de treize & quatorze pouces.

Et fans planchers , de douze pouces.

Jufqu'à vingt-fept pieds , de quatorze & quinze pouces.

Et fans planchers , de douze & treize pouces.

Jufqu'à trente pieds , de quinze & feize pouces.

Et fans planchers , de treize & quatorze pouces.

Jufqu'à trente trois pieds , de feize & dix-fept pouces.

Et fans planchers , de quatorze & quinze pouces.

Jufqu'à trente-fix pieds , de dix-fept & dix huit pouces.

Et fans planchers , de quinze & feize pouces.

JAMBES DE FORCES.

Celles de fix pieds de longueur , de fix & fept pouces de gros.
De neuf pieds , de fept & huit.
Jufqu'à douze pieds , de huit & neuf.
Jufqu'à quinze pieds , de neuf & dix.
Les Effeliers & Liens à proportion.

LES ARBALESTRIERS.

Jufqu'à neuf pieds de longueur , de cinq & fept pouces de gros.
Jufqu'à douze pieds , de fix & fept.
Jufqu'à quinze pieds , de fept & huit.
Jufqu'à dix-huit pieds , de huit & neuf.

POINCONS.

Ceux de neuf pieds de longueur , de cinq & fept pouces.
Jufqu'à douze pieds , de fept & huit.
Jufqu'à quinze pieds , de huit & neuf.

PANNES.

Celles de neuf pieds & de douze pieds de longueur , de cinq &
sept pouces de gros.

Jusqu'à quinze pieds , de six & huit , ou de sept & huit.

Les Chevrons seront de quatre pouces de gros.

Les Coyaux de trois & quatre pouces.

Les Bois des Lucarnes seront des longueurs & grosseurs necessaires , & qui seront marquées.

LES NOUES.

Celles de six pieds de longueur , de sept & huit pouces de gros.

Jusqu'à neuf pieds , de huit & neuf.

Jusqu'à douze pieds , de neuf & dix.

Jusqu'à quinze pieds , de dix & onze.

Jusqu'à dix-huit pieds , de onze & douze.

ARRESTIERS.

Ceux de neuf pieds , de cinq & sept pouces.

Jusqu'à douze pieds , de six & sept pouces.

Jusqu'à quinze pieds , de sept & huit.

Jusqu'à dix-huit pieds , de sept à huit.

FAISTES ET SOUS-FAISTES.

Ceux de neuf pieds , de quatre & six pouces.

Ceux de douze pieds , de cinq & sept pouces.

Ceux de quinze pieds , de six & sept pouces.

MANGEOIRES.

Les devants des Auges , de quatre & quinze.

Les fonds de trois & douze pouces dans les Ecuries ordinaires , &
de quatre & quinze pouces dans les Ecuries du Roy.

Les Poteaux des Mangeoires , de cinq & neuf pouces.

Les Racineaux , de cinq & sept.

Les Rateliers de chevrons , de quatre pouces , garnis de roulons
tournez.

Les Poteaux des Ecuries seront de bois de six pouces , tournez avec
têtes rondes par haut , assemblez dans des souillards par bas.

Les Entrepreneurs ne pourront exceder les grosseurs portées par le
present Devis pour quelque raison que ce puisse être , sans un ordre

par écrit de M. DE COTTE, ou du Contrôleur sous le département duquel les Ouvrages se feront, à peine de n'en être point payez.

Pour la construction desdits Ouvrages l'Entrepreneur fournira tous les bois, peines d'Ouvriers, utensiles, équipages, voitures, droits, & toutes choses generalement quelconques, pour rendre lesdits Ouvrages bien & duëment faits & parfaits, au desir du present Devis, & suivant les Plans & Desseins qui luy seront donnez, & pour lesquels lesdits Ouvrages leur seront adjugez par l'adjudication qui en sera faite au rabais à l'extinction des feux, en la maniere accoutumée; & lesquels prix leur seront payez des fonds à ce destinez par Sa Majesté; à la charge par lesd. Entrepreneurs de donner bonne & suffisante Caution & Certificateur de leur entreprise, conformement à la Declaration du Roy du 7. Juin 1708, suivant laquelle la reception desdits Ouvrages sera faite.

Le present DEVIS a été dressé par Nous Robert DE COTTE, Chevalier de S. Michel, Conseiller du Roy & son premier Architecte, Intendant general des Bâtimens de Sa Majesté, en presence de Treshaut & puissant Seigneur Louis-Antoine DE PARDAILLAN DE GONDRIN, Chevalier des Ordres du Roy, Duc d'Antin, de Montespan & de Gondrin, Seigneur des Duchez de Bellegarde & d'Epernon, Conseiller du Roy en ses Conseils, Lieutenant General de ses Armées, Gouverneur d'Orleans & Pays Orleanois, Lieutenant General pour le Roy de la haute & basse Alsace, &c. Surintendant & Ordonnateur general des Bâtimens, Jardins, Arts & Manufactures de Sa Majesté; de Jacques-Charles Billaudel Conseiller du Roy, Intendant general de ses Bâtimens; de Jacques Gabriel, Armand-Claude Mollet, & Garnier Disle Conseillers du Roy, Controlleurs Generaux des Bâtimens de Sa Majesté.

Lequel DEVIS, Nous Surintendant & Ordonnateur general des Bâtimens, Jardins, Arts & Manufactures du Roy, ordonnons être publié & affiché aux portes & endroits du Louvre, Palais des Tuilleries, & autres Maisons Royales à Paris; aux Portes & endroits du Louvre, & Hôtel des Bâtimens à Versailles; aux Portes & endroits des Châteaux de Marly, Meudon, Saint Germain, Fontainebleau & dépendances, & aux autres endroits & Places publiques de Paris, Versailles, Marly, Meudon, S. Germain & Fontainebleau; à ce que ceux qui voudront entreprendre de faire lesdits Ouvrages de Charpenterie aux clauses & conditions portées audit Devis, ayent à se trouver audit Hôtel des Bâtimens, le
dix heures du matin, où leurs offres seront reçûës, & lesdits Ouvrages adjugez au moins disant, à l'extinction des feux en la maniere accoutumée, conformement à ladite Declaration du Roy du 7. Juin 1708. & dont l'Entrepreneur fera sa soumission. Fait à Versailles le

Signé, D'ANTIN DE GONDRIN, DE COTTE, BILLAUDEL, GABRIEL, MOLLET, ET DISLE.

DE PAR LE ROY.

PAR Adjudication faite au rabais au moins offrant & dernier Encherisseur, à l'extinction des feux, en la maniere accoutumée, conformement à la Declaration du Roy du 7. Juin 1708. en l'Hôtel des Bâtimens du Roy à Versailles.

Par Tres-haut,& puissant Seigneur Messire Loüis-Antoine de Pardaillan de Gondrin, Chevalier des Ordres du Roy, Duc d'Antin, de Montespan, & de Gondrin, Seigneur des Duchez de Bellegarde & d'Epernon, Baron d'Oyron, Comte de Murat, & autres Terres , &c. Conseiller du Roy en ses Conseils, Lieutenant General des Armées de Sa Majesté , Gouverneur d'Orleans & Pays Orleanois , Lieutenant General de la haute & basse Alsace, &c. Surintendant & Ordonnateur general des Bâtimens du Roy, Arts & Manufactures de France.

En la presence de Robert de Cotte, Chevalier de S. Michel, Conseiller & premier Architecte du Roy, Intendant General des Bâtimens de Sa Majesté.

De Jacques-Charles Billaudel, aussi Conseiller du Roy, Intendant General de ses Bâtimens.

De Jacques Gabriel, Armand-Claude Mollet, & Garnier Disle, Conseillers du Roy, Controlleurs Generaux desdits Bâtimens de Sa Majesté.

dix heures du matin, des Ouvrages de Charpenterie, pour les reparations & changemens qu'il conviendra faire dans les Bâtimens du Roy à Paris, Versailles, Marly, Meudon, S. Germain, Fontainebleau, & Bâtimens en dépendans.

A P P E R T lesdits Ouvrages de Charpenterie, pour les endroits cidevant designez , avoir été adjugez

comme moins offrant & dernier Encherisseur , sur les ordres dudit Seigneur Duc d'Antin , des qualitez & façons ci-dessus , ainsi & de la maniere qu'ils sont expliquez au Devis ci-devant écrit, pour le temps & espace de   années entieres & consecutives,

à la charge par l   Entrepreneur   , de bien & duëment faire & parfaire tous lesdits Ouvrages , en tel nombre , quantité & qualité qui seront necessaires , suivant l'Art de bâtir ; & de faire lesdits Ouvrages aux lieux & endroits qui leur seront indiquez par les Contrôleurs desdits Bâtimens ; comme aussi à la charge de fournir de tous materiaux , équipages , échafaudages , peines d'Ouvriers , & tout ce qui conviendra pour l'entiere perfection desdits Ouvrages, dont la reception fera faite conformement à ladite Declaration du Roy, & ce moyennant les prix cy-après expliquez.

SCAVOIR,

Pour chacun cent de bois de Combles, Pans de bois, Cloifons, Efcaliers, Solives & Poûtres, jufques & compris la longueur de dix-huit pieds, toifez des longueurs & groffeurs mifes en œuvre,
Pour Paris, la fomme de fix cent cinquante livres.
Pour Verfailles, la fomme de cinq cent foixante-quinze livres.
Pour Marly, Meudon & S. Germain, la fomme de cinq cent foixan-te-quinze livres.
Et pour Fontainebleau, la fomme de cinq cent foixante-quinze livres.
Pour chacun cent de bois au-deffus de la longueur, de dix-huit pieds jufques & compris vingt-fept pieds, y compris les Poûtres, toifez comme deffus, des groffeurs & longueurs mifes en œuvre,
Pour Paris, la fomme de fix cent cinquante livres.
Pour Verfailles, la fomme de cinq cent foixante-quinze livres.
Pour Marly, Meudon & S. Germain, la fomme de cinq cent foixan-te-quinze livres.
Et pour Fontainebleau, la fomme de cinq cent foixante-quinze livres.
Pour chacun cent de bois au-deffus, de la longueur de vingt-fept pieds jufques & compris trente-fix pieds, s'il étoit befoin, des groffeurs convenables & proportionnées à leurs longueurs, fi for-tes qu'elles puiffent être, y compris les poûtres & toifez, comme deffus.
Pour Paris, la fomme de fix cent cinquante livres.
Pour Verfailles, la fomme de cinq cent foixante-quinze livres.
Pour Marly, Meudon & S. Germain, la fomme de cinq cent foixante-quinze livres.
Et pour Fontainebleau, la fomme de cinq cent foixante-quinze livres.
Pour chacun cent de vieux bois remployez & mis en œuvre, y compris la démolition, la fomme de cent vingt livres.
Les autres vieux Bois qui feront démolis, & qui ne feront pas rem-ployez, feront donnez en compte à l'Entrepreneur pour prix & fomme de quatre cent livres pour chacun cent.
Pour chacun cent de Bois pour les Planchers qui feront à bois apparens, tant Poûtres que Solives, qui feront rabotées & carde-ronnées,
Pour Paris, la fomme de huit cent cinquante livres.
Pour Verfailles, la fomme de huit cent cinquante livres.
Pour Marly, Meudon & S. Germain, la fomme de huit cent cin-quante livres.
Et pour Fontainebleau, la fomme de huit cent cinquante livres.

Et à l'égard des Poûtres qui feront mifes par fous-œuvre aux Planchers, dont le Charpentier n'aura pas fourni les folives, elles feront
payées fuivant les prix cy-après déclarez : les Etayemens & Chevale-
mens payez comme vieux bois remployez.

SCAVOIR,

Pour une Poûtre de douze pieds & douze pouces de gros, ou
environ.

Pour Paris, la fomme de trente livres.

Pour Verfailles, la fomme de vingt-fept livres.

Pour Marly, Meudon & S. Germain, la fomme de vingt-fept livres.

Et pour Fontainebleau, la fomme de vingt-fept livres.

Jufqu'à quinze pieds, de douze & treize pouces de gros, ou
environ.

Pour Paris, la fomme de quarante livres.

Pour Verfailles, la fomme de trente-fix livres.

Pour Marly, Meudon & Saint Germain, la fomme de trente-fix
livres.

Et pour Fontainebleau, la fomme de trente-fix livres.

Jufqu'à dix-huit pieds, de treize & quatorze pouces de gros, ou
environ.

Pour Paris, la fomme de foixante-dix livres.

Pour Verfailles, la fomme de foixante-cinq livres.

Pour Marly, Meudon & Saint Germain, la fomme de foixante-cinq
livres.

Et pour Fontainebleau, la fomme de foixante-cinq livres.

Jufqu'à vingt-un pieds, de quatorze & quinze pouces de gros,
ou environ.

Pour Paris, la fomme de quatre-vingt cinq livres.

Pour Verfailles, la fomme de quatre-vingt livres.

Pour Marly, Meudon & Saint Germain, la fomme de quatre-vingt
livres.

Et pour Fontainebleau, la fomme de quatre-vingt livres.

Jufqu'à vingt-quatre pieds, de quinze & feize pouces, ou environ.

Pour Paris, la fomme de cent quatre-vingt livres.

Pour Verfailles, la fomme de cent foixante livres.

Pour Marly, Meudon & Saint Germain, la fomme de cent foixante
livres.

Et pour Fontainebleau, la fomme de cent foixante livres.

Jufqu'à vingt-fept pieds, de dix-fept & dix-huit pouces de gros,
ou environ.

Pour Paris, la somme de trois cent trente-cinq livres.

Pour Verfailles, la somme de trois cent livres.

Pour Marly, Meudon & S. Germain, la somme de trois cent livres.
Et pour Fontainebleau, la somme de trois cent livres.

Jufqu'à trente pieds, de dix-fept & dix-huit pouces, où environ, la somme de quatre cent quarante livres.

Jufqu'à trente-trois pieds, de dix-huit & dix-neuf pouces, ou environ, la somme de cinq cent vingt livres.

Jufqu'à trente-fix pieds, de dix-neuf & vingt pouces, ou environ, la somme de fix cent cinquante livres.

A PARIS,

De l'Imprimerie de Jacques Collombat Imprimeur ordinaire du Roy,
du Cabinet, Maison, & Bâtimens de Sa Majesté. 1722.

DEVIS,
CONDITIONS, PRIX
ET ADJUDICATIONS

Des Ouvrages de Couvertures qu'il conviendra faire pour les Bâtimens du Roy, Maisons Royales & autres appartenantes à Sa Majesté, tant à Paris, Versailles, Marly, S. Germain, Meudon & leurs dépendances, qu'à Fontainebleau & ses dépendances; dressé, suivant les ordres de Monseigneur LE DUC D'ANTIN, Pair de France, &c. Surintendant & Ordonnateur general des Bâtimens, Jardins, Arts & Manufactures de Sa Majesté, par Monsieur DE COTTE, Chevalier de l'Ordre de S. Michel, Conseiller du Roy, premier Architecte & Intendant desdits Bâtimens de Sa Majesté.

PREMIEREMENT.

TOUTES les Lattes & contre-Lattes seront de cœur de bois de chêne, bien sains, sans aubier, ni pourriture, posées en bonnes liaisons, à un pouce ou un pouce & demi de distance les unes des autres, attachées avec deux clous sur chacun chevron pour la latte à ardoise, & avec un clou pour la latte à tuile.

Lattes

Les Ardoises seront de la quarrée forte des pierrieres d'Angers, de la meilleure qualité, attachées avec des clous, & posées en bonnes liaisons, & de quatre pouces d'épureau.

Ardoises.

$*$ E

Tuiles.

Les Tuiles, tant de grand moule, moule bâtard, que petit moule, feront de meilleure qualité qui s'employent fur les lieux, pofées auffi en bonnes liaifons, & de quatre pouces d'épureau pour le grand moule & moule bâtard, & trois pouces pour le petit moule. Les Faîtieres feront auffi de bonnes qualitez, & pofées à bain de plâtre à un pouce & demi de diftance les unes des autres.

Plâtres fur les couvertures.

Seront faits tous les Plâtres defdites couvertures, comme Solins, Ruillées, Pentes, Battellemens, Eretiers, Faîtieres, & generalement tous les Plâtres neceffaires pour lefdites couvertures.

Egoûts doubles ou fimples.

Les Egoûts feront doubles ou fimples, fuivant la neceffité & pente des Combles : les Tuiles defdits Egoûts feront fcellées en plâtre, & pofées en liaifons les unes fur les autres, & noircies par-deffous, aux combles qui feront couvertes d'ardoifes.

Goutieres.

Les Goûtieres de bois feront auffi de bois de Chêne fans aubier, & fcellées en plâtre.

Ardoifes & tuiles vieilles.

Et à l'égard de l'Ardoife & Tuiles vieilles qui feront employées fur lefdites couvertures, elles feront pofées fur un latti neuf des qualitez expliquées ci-deffus.

L'Entrepreneur ne pourra faire aucune démolition fur les combles couvertes d'Ardoifes pour les paffages des tuyaux de cheminées, lucarnes faites après coup & autres, fans qu'il en foit fait auparavant un toifé ; & lorfque lefdites couvertures feront refaites, il en fera compté un tiers ou un quart, comme ouvrage neuf, pour le déchet, felon la qualité & valeur de l'ardoife, & le reftant compté comme ardoife vieille remployée.

Paffages des tuyaux de cheminées, & lucarnes.

Et pour les paffages des Tuyaux de Cheminées, Lucarnes faites après coup & autres fur les combles, qui feront couverts de tuiles, ils feront comptez après leur refection comme tuiles remaniées, en y ajoûtant un déchet felon la valeur de la vieille.

Tous lefquels Ouvrages feront bien & duëment faits fuivant l'Art. L'Entrepreneur fournira Clous, Lattes, contre-Lattes, Ardoifes, Tuiles, Faîtieres, Plâtres, & tous les materiaux neceffaires, peines d'Ouvriers, droits de materiaux, utenfiles, échafaudages, & toutes chofes generalement quelconques neceffaires pour l'entiere perfection defdits Ouvrages, lefquels feront toifez aux Uz & Coûtumes de Paris, moyennant les prix ci-après déclarez fur chacune qualité, & pour lefquels lefdits Ouvrages leur feront adjugez par l'adjudication qui en fera faite au rabais à l'extinction des feux, en la maniere accoutumée ; & lefquels prix leur feront payez des fonds à ce deftinez par Sa Majefté ; à la charge par lefd. Entrepreneurs de donner bonne & fuffifante Caution & Certificateur de leur entreprife, conformement à la Declaration du Roy du 7. Juin 1708, fuivant laquelle la reception defdits Ouvrages fera faite.

Le prefent DEVIS a été dreffé par Nous Robert DE COTTE, Chevalier de S. Michel, Confeiller du Roy & fon premier Architecte,

Intendant general des Bâtimens de Sa Majefté, en prefence de Tres-
haut & puiffant Seigneur Louis - Antoine DE PARDAILLAN DE
GONDRIN, Chevalier des Ordres du Roy, Duc d'Antin, de Montefpan & de Gondrin, Seigneur des Duchez de Bellegarde & d'Eper-
non, Confeiller du Roy en fes Confeils, Lieutenant General de fes
Armées, Gouverneur d'Orleans & Pays Orleanois, Lieutenant Gene-
ral pour le Roy de la haute & baffe Alface, &c. Surintendant &
Ordonnateur general des Bâtimens, Jardins, Arts & Manufactures
de Sa Majefté; de Jacques-Charles Billaudel Confeiller du Roy,
Intendant general de fes Bâtimens; de Jacques Gabriel, Armand-
Claude Mollet, & Garnier Difle Confeillers du Roy, Controlleurs
Generaux des Bâtimens de Sa Majefté.

Lequel DEVIS, Nous Surintendant & Ordonnateur general des
Bâtimens, Jardins, Arts & Manufactures du Roy, ordonnons être
publié & affiché aux portes & endroits du Louvre, Palais des Tuilleries, & autres Maifons Royales à Paris; aux Portes & endroits du
Louvre, & Hôtel des Bâtimens à Verfailles; aux Portes & endroits
des Châteaux de Marly, Meudon, Saint Germain, Fontainebleau &
dépendances, & aux autres endroits & Places publiques de Paris,
Verfailles, Marly, Meudon, S. Germain & Fontainebleau; à ce que
ceux qui voudront entreprendre de faire lefdits Ouvrages de Couvertures aux claufes & conditions portées audit Devis, ayent à fe
trouver audit Hôtel des Bâtimens, le
dix heures du matin, où leurs offres feront reçûës, & lefdits Ouvrages adjugez au moins difant, à l'extinction des feux en la maniere
accoutumée, conformement à ladite Declaration du Roy du 7. Juin
1708. & dont l'Entrepreneur fera fa foumiffion. Fait à Verfailles le

Signé, D'ANTIN DE GONDRIN, DE COTTE,
BILLAUDEL, GABRIEL, MOLLET, ET DISLE.

DE PAR LE ROY.

PAR Adjudication faite au rabais au moins offrant & dernier
Encheriffeur, à l'extinction des feux, en la maniere accoutumée,
conformement à la Declaration du Roy du 7. Juin 1708. en l'Hôtel
des Bâtimens du Roy à Verfailles.

Par Tres-haut & puiffant Seigneur Meffire Loüis-Antoine de Par-
daillan de Gondrin, Chevalier des Ordres du Roy, Duc d'Antin, de
Montefpan, & de Gondrin, Seigneur des Duchez de Bellegarde &
d'Epernon, Baron d'Oyron, Comte de Murat, & autres Terres, &c.
Confeiller du Roy en fes Confeils, Lieutenant General des Armées de
Sa Majefté, Gouverneur d'Orleans & Pays Orleanois, Lieutenant
General de la haute & baffe Alface, &c. Surintendant & Ordonna-
teur general des Bâtimens du Roy, Arts & Manufactures de France.

En la prefence de Robert de Cotte, Chevalier de S. Michel, Con-

feiller & premier Architecte du Roy, Intendant General des Bâtimens de Sa Majesté.

De Jacques-Charles Billaudel, auffi Confeiller du Roy, Intendant
General de fes Bâtimens.

De Jacques Gabriel, Armand-Claude Mollet, & Garnier Difle,
Confeillers du Roy, Controlleurs Generaux defdits Bâtimens de
Sa Majesté.

dix heures du matin,
des Ouvrages de Couvertures, pour les reparations & changemens
qu'il conviendra faire dans les Bâtimens du Roy à Paris, Verfailles,
Marly, Meudon, S. Germain, Fontainebleau, & Bâtimens en dépendans.

Appert lefdits Ouvrages de Couvertures, pour les endroits ci-
devant défignez, avoir été adjugez

comme moins offrant & dernier Encheriffeur, fur les ordres dudit
Seigneur Duc d'Antin, des qualitez & façons ci-deffus, ainfi
& de la maniere qu'ils font expliquez au Devis ci-devant écrit, pour
le temps & efpace de .   années entieres & confecutives,

à la charge par
l   Entrepreneur   , de bien & duëment faire & parfaire
tous lefdits Ouvrages, en tel nombre, quantité & qualité qui feront neceffaires, fuivant l'Art; & de faire lefdits Ouvrages aux lieux
& endroits qui leur feront indiquez par les Contrôleurs defdits Bâtimens ; comme auffi à la charge de fournir de tous équipages,
échafaudages, peines d'Ouvriers, & tout ce qui conviendra pour
l'entiere perfection defdits Ouvrages, dont la reception fera faite
conformement à ladite Declaration du Roy, & ce moyennant les
prix cy-après expliquez.

SCAVOIR,

Pour chacune toife fuperficielle d'Ardoife neuve,
Pour Paris, la fomme de douze livres.
Pour Verfailles, la fomme de treize livres.
Pour Marly, S. Germain & Meudon, la fomme de treize livres.
Et pour Fontainebleau, la fomme de onze livres.
Pour chacune toife d'Ardoifes vieilles remployées fur latti neuf,
Pour Paris, la fomme de cinq livres dix fols.
Pour Verfailles, la fomme de cinq livres dix fols.
Pour Marly, S. Germain & Meudon, la fomme de cinq liv. dix fols.
Et pour Fontainebleau, la fomme de cinq livres dix fols.
Pour chacune toife fuperficielle d'Ardoifes vieilles remployées fur
latti vieux,

Pour Paris , la fomme de trois livres dix fols.

Pour Verfailles , la fomme de trois livres dix fols.

Pour Marly, S. Germain & Meudon , la fomme de trois livres dix fols.

Et pour Fontainebleau , la fomme de trois livres dix fols.

Pour chacune toife fuperficielle de Tuile neuve , de grand moule de Bourgogne ,

Pour Paris, la fomme de dix livres.

Pour Verfailles, la fomme de treize livres dix fols.

Pour Marly , Saint Germain & Meudon , la fomme de treize livres dix fols.

Et pour Fontainebleau, la fomme de dix livres.

Pour chacune toife fuperficielle de Tuile neuve de moule bâtard ,

Pour Paris, la fomme de neuf livres dix fols.

Pour Verfailles, la fomme de treize livres.

Pour Marly , S. Germain & Meudon , la fomme de treize livres.

Et pour Fontainebleau, la fomme de neuf livres.

Pour chacune toife fuperficielle de Tuile neuve de petit moule,

Pour Paris, la fomme de neuf livres.

Pour Verfailles , la fomme de neuf livres.

Pour Marly, S. Germain & Meudon , la fomme de neuf livres.

Et pour Fontainebleau , la fomme de fept livres dix fols.

Pour chacune toife fuperficielle de Tuiles remaniées à bout fur latti neuf,

Pour Paris, la fomme de deux livres.

Pour Verfailles , la fomme dé deux livres.

Pour Marly, S. Germain & Meudon, la fomme de deux livres.

Et pour Fontainebleau, la fomme de deux livres.

Pour chacune toife courante de Goutieres de bois , y compris le fcellement en plâtre ,

Pour Paris , la fomme de quatre livres dix fols.

Pour Verfailles, la fomme de quatre livres dix fols.

Pour Marly, Saint Germain & Meudon , la fomme de quatre livres dix fols.

Et pour Fontainebleau , la fomme de quatre livres dix fols.

Pour chacune toife fuperficielle de Tuiles remaniées à bout fur latti vieux ,

Pour Paris, la fomme de une livre dix fols.

Pour Verfailles, la fomme de une livre dix fols.

Pour Marly, S Germain & Meudon , la fomme de une liv. dix fols.

Et pour Fontainebleau , la fomme de une livre dix fols.

A PARIS,

De l'Imprimerie de JACQUES COLLOMBAT Imprimeur ordinaire du Roy, du Cabinet, Maison, & Bâtimens de Sa Majesté. 1722.

DEVIS,

CONDITIONS, PRIX

ET ADJUDICATIONS

Des Ouvrages de Menuiserie qu'il conviendra faire pour les Changemens & Réparations des Bâtimens du Roy, Maisons Royales & autres appartenantes à Sa Majesté, tant à Paris, Versailles, Marly, S. Germain, Meudon & leurs dépendances, qu'à Fontainebleau & ses dépendances; dressé, suivant les ordres de Monseigneur LE DUC D'ANTIN, Pair de France, &c. Surintendant & Ordonnateur general des Bâtimens, Jardins, Arts & Manufactures de Sa Majesté, par Monsieur DE COTTE, Chevalier de l'Ordre de S. Michel, Conseiller du Roy, premier Architecte & Intendant desdits Bâtimens de Sa Majesté.

PREMIEREMENT.

TOUS les Bois seront de bois de Chêne & sains, secs & nets, loyaux & marchands, sans aubier, pourriture, nœuds vicieux, tampons, mastics ni fusées, & seront bien dressez, corroyez, rabottez jusqu'au vif, en sorte qu'il n'y reste aucuns traits de sciage; lesdits Ouvrages bien assemblez suivant l'Art, à tenons, mortoises, rainures, feüillures & languettes, enfourchement, encastrement, épaulement & recouvrement; en sorte que les tenons remplissent les

Qualitez & façons des Bois.

✱ F

mortoifes fans être découvertes ; & feront obfervez les profils d'Architecture fuivant les defleins qui en feront donnez ; le tout élegi dans les Bois ; & feront auffi obfervez les boffages pour la Sculpture aux endroits qui feront marquez, & qui feront de bois collez des épaiffeurs & largeurs qu'il conviendra.

Tous lefquels Ouvrages des bois & qualitez ci-deffus expliquées, feront bien & duëment faits, en telles qualitez & de telles façons qui feront neceffaires fuivant l'état de Menuiferie, au defir du prefent Devis. Les Entrepreneurs fourniront tous équipages, peines d'Ouvriers, & tout ce qu'il conviendra pour l'entiere perfection d'iceux, moyennant les prix ci-après déclarez fur chacune qualité, & pour lefquels lefdits Ouvrages leur feront adjugez par l'adjudication qui en fera faite au rabais à l'extinction des feux, en la maniere accoutumée ; & lefquels prix leur feront payez des fonds à ce deftinez par Sa Majefté ; à la charge par lefd. Entrepreneurs de donner bonne & fuffifante Caution & Certificateur de leur entreprife, conformement à la Declaration du Roy du 7. Juin 1708, fuivant laquelle la reception defdits Ouvrages fera faite.

Le prefent DEVIS a été dreffé par Nous Robert DE COTTE, Chevalier de S. Michel, Confeiller du Roy & fon premier Architecte, Intendant general des Bâtimens de Sa Majefté, en prefence de Treshaut & puiffant Seigneur Louis-Antoine DE PARDAILLAN DE GONDRIN, Chevalier des Ordres du Roy, Duc d'Antin, de Montefpan & de Gondrin, Seigneur des Duchez de Bellegarde & d'Epernon, Confeiller du Roy en fes Confeils, Lieutenant General de fes Armées, Gouverneur d'Orleans & Pays Orleanois, Lieutenant General pour le Roy de la haute & baffe Alface, &c. Surintendant & Ordonnateur general des Bâtimens, Jardins, Arts & Manufactures de Sa Majefté ; de Jacques-Charles Billaudel Confeiller du Roy, Intendant general de fes Bâtimens ; de Jacques Gabriel, Armand-Claude Mollet, & Garnier Difle Confeillers du Roy, Controlleurs Generaux des Bâtimens de Sa Majefté.

Lequel DEVIS, Nous Surintendant & Ordonnateur general des Bâtimens, Jardins, Arts & Manufactures du Roy, ordonnons être publié & affiché aux portes & endroits du Louvre, Palais des Tuilleries, & autres Maifons Royales à Paris ; aux Portes & endroits du Château, & Hôtel des Bâtimens à Verfailles ; aux Portes & endroits des Châteaux de Marly, Meudon, Saint Germain, Fontainebleau & dépendances, & aux autres endroits & Places publiques de Paris, Verfailles, Marly, Meudon, S. Germain & Fontainebleau ; à ce que ceux qui voudront entreprendre de faire lefdits Ouvrages de Menuiferie aux claufes & conditions portées audit Devis, ayent à fe trouver audit Hôtel des Bâtimens, le

dix heures du matin, où leurs offres feront reçûës, & lefdits Ouvrages adjugez au moins difant, à l'extinction des feux en la maniere

accoutumée, conformement à ladite Declaration du Roy du 7. Juin
1708. & dont l'Entrepreneur fera fa foumiffion. Fait à Verfailles le
Signé, D'ANTIN DE GONDRIN, DE COTTE,

BILLAUDEL, GABRIEL, MOLLET, ET DISLE.

DE PAR LE ROY.

PAR Adjudication faite au rabais au moins offrant & dernier
Encherifleur, à l'extinction des feux, en la maniere accoutumée,
conformement à la Declaration du Roy du 7. Juin 1708. en l'Hôtel
des Bâtimens du Roy à Verfailles.

Par Tres-haut & puiffant Seigneur Meffire Loüis-Antoine de Par-
daillan de Gondrin, Chevalier des Ordres du Roy, Duc d'Antin, de
Montefpan, & de Gondrin, Seigneur des Duchez de Bellegarde &
d'Epernon, Baron d'Oyron, Comte de Murat, & autres Terres, &c.
Confeiller du Roy en fes Confeils, Lieutenant General des Armées de
Sa Majefté, Gouverneur d'Orleans & Pays Orleanois, Lieutenant
General de la haute & baffe Alface, &c. Surintendant & Ordonna-
teur general des Bâtimens du Roy, Arts & Manufactures de France.

En la prefence de Robert de Cotte, Chevalier de S. Michel, Confeiller & premier Architecte du Roy, Intendant General des Bâtimens de Sa Majefté.

De Jacques-Charles Billaudel, auffi Confeiller du Roy, Intendant
General de fes Bâtimens.

De Jacques Gabriel, Armand-Claude Mollet, & Garnier Difle,
Confeillers du Roy, Controlleurs Generaux defdits Bâtimens de
Sa Majefté.

dix heures du matin,
des Ouvrages de Menuiferie, pour les reparations & changemens
qu'il conviendra faire dans les Bâtimens du Roy à Paris, Verfailles,
Marly, Meudon, S. Germain, Fontainebleau, & Bâtimens en dépendans.

APPERT lefdits Ouvrages de Menuiferie, pour les endroits ci-
devant défignez, avoir été adjugez

comme moins offrant & dernier Encherifleur, fur les ordres dudit
Seigneur Duc d'Antin, des qualitez & façons ci-deffus, ainfi
& de la maniere qu'ils font expliquez au Devis ci-devant écrit, pour
le temps & efpace de   années entieres & confecutives,

à la charge par
l   Entrepreneur   , de bien & duëment faire & parfaire
tous lefdits Ouvrages, en tel nombre, quantité & qualité qui feront neceffaires, fuivant l'Art de Menuiferie; & de faire lefdits Ou-
✱ F ij

vrages aux lieux & endroits qui leur feront indiquez par les Contrôleurs defdits Bâtimens ; comme auffi à la charge de fournir de tous
équipages échafaudages, peines d'Ouvriers, & tout ce qui conviendra pour l'entiere perfection defdits Ouvrages, dont la reception
fera faite conformement à la fufdite Declaration du Roy, & ce
moyennant les prix cy-après expliquez.

CONSTRUCTION.

LEs bâtis des Parquets auront trois pouces de large fur un pouce
& demi d'épaiffeur, remplis de Panneaux d'un pouce d'épaiffeur, à rainures & languettes. Les frifes feront de cinq pouces de
large, bien affemblées, à pointe de diamant, avec parquets, & le
tout pofé fur des Lambourdes de quatre pouces de gros, efpacées de
fix pouces d'entrevoux ; & feront obfervez les embraffemens des
croifées : les portes & les frifes au pourtour des murs & autour des
foyers des cheminées pofées en lozanges, bien de niveau, cloüées à
tête perduë, tamponnées, colées, rabotées & dreffées, le tout d'af-
femblage, pour chacune toife fuperficielle,
Pour Paris, la fomme de trente-fix livres.
Pour Verfailles, la fomme de quarante livres.
Pour Marly, S. Germain & Meudon, la fomme de quarante livres.
Et pour Fontainebleau, la fomme de trente-fix livres.

Et lorfqu'il n'y aura pas de Lambourdes,
Pour Paris, la fomme de trente deux livres.
Pour Verfailles, la fomme de trente-fix livres.
Pour Marly, S. Germain & Meudon, la fomme de trente-fix livres.
Et pour Fontainebleau, la fomme de trente-deux livres.

Et lorfqu'il faudra dépofer & repofer de vieux Parquets fans Lambourdes, la fomme de fix livres.

Et lorfqu'il faudra fournir des Lambourdes neuves de quatre pouces de gros, la toife courante, la fomme de vingt fols.

Les autres Lambourdes de trois à quatre pouces, la fomme de
quinze fols.

Seront faits les Parquets de deux pouces à vingt panneaux, les
bâtis & panneaux de deux pouces, pofez en lozange, les frifes de
cinq pouces de large, affemblées à rainures & languettes, & à pointe
de diamant. Seront obfervées les plattes-bandes autour des murs,
embraffemens de croifées, portes, & autour des foyers, des mêmes
épaiffeurs, affemblages & façons que deffus, pofées fur des Lambourdes de quatre à fix pouces de gros fur le plat, efpacées de fix
pouces d'entre-voux, pofées bien de niveau, cloüées à tête perduë,
tamponnées, colées, rabotées & dreffées, pour chacune toife,
Pour Paris, la fomme de cinquante-quatre livres.
Pour Verfailles, la fomme de foixante livres.

Pour Marly, S. Germain & Meudon, la fomme de foixante livres.
Et pour Fontainebleau, la fomme de cinquante-quatre livres.

Et fans Lambourdes, la diminution en fera faite de fix livres.

Pour chacune toife de vieux Parquets démolis & repofez, la fomme de fix livres.

Pour chacune toife courante de Lambourdes à fournir, la fomme d'une livre.

Les Parquets pour les derrieres des glaces & armoires, les bâtis auront un pouce d'épaiffeur, & trois à quatre pouces de large : les panneaux de même épaiffeur arrazez, la toife fuperficielle,   *Parquets des glaces & armoires.*
Pour Paris, la fomme de vingt livres.
Pour Verfailles, la fomme de vingt-une livres.
Pour Marly, S. Germain & Meudon, la fomme de vingt-une livres.
Et pour Fontainebleau, la fomme de vingt livres.

Seront faits les Planchers de bois de deux pouces d'épaiffeur, à rainures & languettes, blanchis, avec Lambourdes de quatre à fix pouces, efpacées de neuf pouces d'entre-voux, cloüées à tête perduë, tamponnées, dreffées & rabotées : feront obfervez les embraffemens des croifées, portes & foyers, pour chacune toife,   *Planchers.*
Pour Paris, la fomme de trente-trois livres.
Pour Verfailles, la fomme de quarante livres.
Pour Marly, S. Germain & Meudon, la fomme de quarante livres.
Et pour Fontainebleau, la fomme de trente-trois livres.

Et fans Lambourdes, la diminution fera faite de quatre livres.
Pour Paris, la fomme de vingt-neuf livres.
Pour Verfailles, la fomme de trente-fix livres.
Pour Marly, S. Germain & Meudon, la fomme de trente-fix livres.
Et pour Fontainebleau, la fomme de vingt-neuf livres.

Seront faits les Planchers de planches d'un pouce & demi, debitez en deux, de la largeur de la planche, avec feüillures & languettes, rabotez, blanchis & pofez fur des lambourdes de trois à quatre pouces de gros, efpacées de neuf pouces d'entre-voux : feront obfervez les embraffemens de croifées, portes & châffis de foyers, comme deffus, pour chacune toife quarrée,   *Planchers de planches*
Pour Paris, la fomme de vingt-fix livres.
Pour Verfailles, la fomme de trente livres.
Pour Marly, S. Germain & Meudon, la fomme de trente livres.
Et pour Fontainebleau, la fomme de vingt-fix livres.

Et fans Lambourdes,
Pour Paris, la fomme de vingt-deux livres.
Pour Verfailles, la fomme de vingt-fix livres.
Pour Marly, S. Germain & Meudon, la fomme de vingt-fix livres.
Et pour Fontainebleau, la fomme de vingt-deux livres.

Les vieux Planchers dépofez & repofez, la fomme de fix livres.
Les autres Planchers de même qualité, fans être debitez en deux,

Pour Paris, la fomme de vingt-deux livres.
Pour Verfailles, la fomme de vingt-quatre livres.
Pour Marly, S. Germain & Meudon, la fomme de vingt-quatre liv.
Et pour Fontainebleau, la fomme de vingt-deux livres.
   Et fans Lambourdes,
Pour Paris, la fomme de dix-huit livres.
Pour Verfailles, la fomme de vingt livres.
Pour Marly, S. Germain & Meudon, la fomme de vingt livres.
Et pour Fontainebleau, la fomme de dix-huit livres.

Mêmes Planchers.   Les autres Planchers de bois de quinze lignes d'épaiffeur, des mê-mes qualitez, debitez en deux, de pareille façon & conftruction, avec lambourdes, comme deffus,
Pour Paris, la fomme de vingt-une livres.
Pour Verfailles, la fomme de vingt-quatre livres.
Pour Marly, S. Germain & Meudon, la fomme de vingt-quatre liv.
Et pour Fontainebleau, la fomme de vingt-une livres.
   Et fans Lambourdes,
Pour Paris, la fomme de dix-fept livres.
Pour Verfailles, la fomme de vingt livres.
Pour Marly, S. Germain & Meudon, la fomme de vingt livres.
Et pour Fontainebleau, la fomme de dix-fept livres.

  Les Planchers de bois de quinze lignes, fans être debitez, de même épaiffeur & façon que deffus, avec lambourdes,
Pour Paris, la fomme de dix-neuf livres.
Pour Verfailles, la fomme de vingt-une livres.
Pour Marly, S. Germain & Meudon, la fomme de vingt-une livres.
Et pour Fontainebleau, la fomme de dix-neuf livres.
   Et fans Lambourdes,
Pour Paris, la fomme de quinze livres.
Pour Verfailles, la fomme de dix-fept livres.
Pour Marly, S. Germain & Meudon, la fomme de dix-fept livres.
Et pour Fontainebleau, la fomme de quinze livres.

Planchers de bois de fapin.   Seront faits les Planchers de bois de fapin, affemblez avec feüil-lures & languettes, rabotez, blanchis & pofez fur lambourdes de chêne de trois & quatre pouces, efpacez comme deffus, pour cha-cune toife,
Pour Paris, la fomme de feize livres.
Pour Verfailles, la fomme de dix-huit livres.
Pour Marly, S. Germain & Meudon, la fomme de dix-huit livres.
Et pour Fontainebleau, la fomme de feize livres.
   Et fans Lambourdes,
Pour Paris, la fomme de douze livres.
Pour Verfailles, la fomme de quatorze livres.
Pour Marly, S. Germain & Meudon, la fomme de quatorze livres.
Et pour Fontainebleau, la fomme de douze livres.

Les Cloisons de bois de chêne d'un pouce & demi d'épaisseur, rabotez, dressez des deux côtez, assemblez à rainures & languettes,
avec coulisses haut & bas, poteaux & linteaux aux portes, de trois
pouces en quarré, pour chacune toise quarrée,

Pour Paris, la somme de vingt-quatre livres.

Pour Versailles, la somme de vingt-six livres.

Pour Marly, S. Germain & Meudon, la somme de vingt-six livres.

Et pour Fontainebleau, la somme de vingt-quatre livres.

Pour chacune toise quarrée de Cloisons des mêmes qualitez &
épaisseurs, blanchies d'un côté,

Pour Paris, la somme de vingt-deux livres.

Pour Versailles, la somme de vingt-quatre livres.

Pour Marly, S. Germain & Meudon, la somme de vingt-quatre liv.

Et pour Fontainebleau, la somme de vingt-deux livres.

Les autres Cloisons de même qualité & épaisseur, sans être rabotées,

Pour Paris, la somme de dix-huit livres.

Pour Versailles, la somme de vingt livres.

Pour Marly, S. Germain & Meudon, la somme de vingt livres.

Et pour Fontainebleau, la somme de dix-huit livres.

Les autres Cloisons de quinze lignes de mêmes qualitez & façons
que dessus, blanchies des deux côtez,

Pour Paris, la somme de vingt livres.

Pour Versailles, la somme de vingt-une livres.

Pour Marly, S. Germain & Meudon, la somme de vingt-une livres.

Et pour Fontainebleau, la somme de vingt livres.

Les autres Cloisons de mêmes qualitez, blanchies d'un côté,

Pour Paris, la somme de dix-huit livres.

Pour Versailles, la somme de dix-neuf livres.

Pour Marly, S. Germain & Meudon, la somme de dix-neuf livres.

Et pour Fontainebleau, la somme de dix-huit livres.

Et sans être blanchies,

Pour Paris, la somme de quatorze livres.

Pour Versailles, la somme de quinze livres.

Pour Marly, S. Germain & Meudon, la somme de quinze livres.

Et pour Fontainebleau, la somme de quatorze livres.

Les Cloisons de bois d'un pouce de mêmes façons & constructions, blanchies des deux côtez,

Pour Paris, la somme de dix-huit livres.

Pour Versailles, la somme de dix-neuf livres.

Pour Marly, S. Germain & Meudon, la somme de dix-neuf livres.

Et pour Fontainebleau, la somme de dix-huit livres.

Celles blanchies d'un côté,

Pour Paris, la somme de seize livres.

Pour Versailles, la somme de dix-sept livres.

Pour Marly, S. Germain & Meudon, la fomme de dix-fept livres.

Et pour Fontainebleau, la fomme de feize livres.

Les autres Cloifons qui ne feront point rabotées, mais feulement à rainures & languettes, comme deffus,

Pour Paris, la fomme de quatorze livres.

Pour Verfailles, la fomme de quinze livres.

Pour Marly, S. Germain & Meudon, la fomme de quinze livres.

Et pour Fontainebleau, la fomme de quatorze livres.

Cloifons de bois de fapin.

Les Cloifons d'ais de fapin rabotées & blanchies des deux côtez, avec couliffes en bas & en haut, poteaux & linteaux aux portes auffi de fapin, affemblées à rainures & languettes, comme dit eft,

Pour Paris, la fomme de quatorze livres.

Pour Verfailles, la fomme de quinze livres.

Pour Marly, S. Germain & Meudon, la fomme de quinze livres.

Et pour Fontainebleau, la fomme de quatorze livres.

Et celles rabotées d'un côté,

Pour Paris, la fomme de treize livres.

Pour Verfailles, la fomme de quatorze livres.

Pour Marly, S. Germain & Meudon, la fomme de quatorze livres.

Et pour Fontainebleau, la fomme de treize livres.

Et fans être rabotées d'un côté,

Pour Paris, la fomme de dix livres.

Pour Verfailles, la fomme de onze livres.

Pour Marly, S. Germain & Meudon, la fomme de onze livres.

Et pour Fontainebleau, la fomme de dix livres.

Pour chacune toife de Cloifons de fapin brutes, fans rainures ni languettes,

Pour Paris, la fomme de huit livres.

Pour Verfailles, la fomme de neuf livres.

Pour Marly, S. Germain & Meudon, la fomme de neuf livres.

Et pour Fontainebleau, la fomme de huit livres.

Cloifons de planches de batteau.

Pour chacune toife fuperficielle de Cloifons de planches de batteau, efpacées de trois à quatre pouces de vuide,

Pour Paris, la fomme de fix livres.

Pour Verfailles, la fomme de fept livres.

Pour Marly, S. Germain & Meudon, la fomme de fept livres.

Et pour Fontainebleau, la fomme de fix livres.

Lambris d'appuis.

Seront faits les Lambris d'appuis fur trois pieds de haut, à bouëment fimple de bois de chêne, les bâtis de bois de quinze lignes ; les panneaux de merrein de fix à fept lignes d'épaiffeur avec fimaifes, ornez d'un talon ou quartderond & filet quarré, & une aftragale & plinthe par bas, ornée d'un boudin, filet quarré ou quartderond, la toife courante,

Pour Paris, la fomme de dix livres dix fols.

Pour Verfailles, la fomme de onze livres.

Pour Marly, S. Germain & Meudon, la somme de onze livres.
Et pour Fontainebleau, la somme de dix livres dix sols.

Ceux qui seront de moindre hauteur, de la même qualité & façon, à proportion.

Les mêmes Lambris à deux paremens,
Pour Paris, la somme de treize livres dix sols.
Pour Versailles, la somme de quatorze livres.
Pour Marly, S. Germain & Meudon, la somme de quatorze livres.
Et pour Fontainebleau, la somme de treize livres dix sols.

Pour chacune toise quarrée de Lambris à bouëment simple à hauteur de chambre,
Pour Paris, la somme de vingt-une livres.
Pour Versailles, la somme de vingt-trois livres.
Pour Marly, S. Germain & Meudon, la somme de vingt-trois livres.
Et pour Fontainebleau, la somme de vingt-une livres.

Les mêmes Lambris à deux paremens, la toise quarrée,
Pour Paris, la somme de vingt-cinq livres.
Pour Versailles, la somme de vingt-huit livres.
Pour Marly, S. Germain & Meudon, la somme de vingt-huit livres.
Et pour Fontainebleau, la somme de vingt-cinq livres.

Pour chacune toise courante de Lambris à bouëment & baguette de trois pieds de haut, de pareille épaisseur de bois,
Pour Paris, la somme de douze livres.
Pour Versailles, la somme de douze livres dix sols.
Pour Marly, S. Germain & Meudon, la somme de douze l. dix sols.
Et pour Fontainebleau, la somme de douze livres.

Et à deux paremens,
Pour Paris, la somme de quinze livres.
Pour Versailles, la somme de quinze livres dix sols.
Pour Marly, S. Germain & Meudon, la somme de quinze l. dix sols.
Et pour Fontainebleau, la somme de quinze livres.

Et les mêmes Lambris à hauteur de chambre,
Pour Paris, la somme de vingt-quatre livres.
Pour Versailles, la somme de vingt-six livres.
Pour Marly, S. Germain & Meudon, la somme de vingt-six livres.
Et pour Fontainebleau, la somme de vingt-quatre livres.

Les mêmes Lambris à hauteur de chambre à deux paremens, la toise superficielle,
Pour Paris, la somme de vingt-huit livres.
Pour Versailles, la somme de trente livres.
Pour Marly, S. Germain & Meudon, la somme de trente livres.
Et pour Fontainebleau, la somme de vingt-huit livres.

Seront faits les Lambris d'appuis de trois pieds de haut, de bois, de quinze lignes, à bouëment & baguettes ravalées, les panneaux comme dessus, la toise courante,   Mêmes Lambris.

* F v

Pour Paris , la somme de treize livres.

Pour Versailles , la somme de treize livres dix sols.

Pour Marly, S. Germain & Meudon , la somme de treize liv. dix sols.
Et pour Fontainebleau , la somme de treize livres.

Ceux à deux paremens, la somme de seize livres dix sols.

Les mêmes Lambris à hauteur de chambre , pour chacune toise superficielle ,

Pour Paris, la somme de vingt-sept livres.

Pour Versailles , la somme de vingt-huit livres.

Pour Marly , S. Germain & Meudon , la somme de vingt-huit livres.
Et pour Fontainebleau, la somme de vingt-sept livres.

Les mêmes Lambris à deux paremens , pour chacune toise ,
Pour Paris, la somme de trente-deux livres.

Pour Versailles, la somme de trente-trois livres.

Pour Marly, S. Germain & Meudon , la somme de trente-trois livres.
Et pour Fontainebleau, la somme de trente-deux livres.

Lambris d'appuis à petits cadres.

Seront faits les Lambris d'appuis à petits cadres , de trois pieds de haut ; les bâtis seront d'un pouce & demi , de quatre à cinq pouces de large , pour élegir des petits cadres , de deux pouces de large ; les panneaux de merrein de six à sept lignes d'épaisseur, ornez de doubles plattes-bandes , avec simaise de trois à quatre pouces , ornées de boudins , filets quarrez & astragales , & d'une plinthe par bas de quatre pouces de haut , ornée d'un boudin & filet quarré , la toise courante ,

Pour Paris, la somme de quinze livres.

Pour Versailles , la somme de quinze livres dix sols.

Pour Marly, S. Germain & Meudon , la somme de quinze liv. dix sols.
Et pour Fontainebleau , la somme de quinze livres.

Les mêmes Lambris à deux paremens , la toise superficielle ,
Pour Paris, la somme de dix-sept livres dix sols.

Pour Versailles , la somme de dix-huit livres dix sols.

Pour Marly , S. Germain & Meudon, la somme de dix-huit l. dix sols.
Et pour Fontainebleau , la somme de dix-sept livres dix sols.

Les mêmes Lambris à hauteur de chambre ,
Pour Paris , la somme de trente livres.

Pour Versailles , la somme de trente-deux livres.

Pour Marly, S. Germain & Meudon , la somme de trente-deux livres.
Et pour Fontainebleau , la somme de trente livres.

Les mêmes Lambris à hauteur de chambre à deux paremens ,
Pour Paris, la somme de trente-six livres.

Pour Versailles , la somme de trente-huit livres.

Pour Marly , S. Germain & Meudon , la somme de trente-huit liv.
Et pour Fontainebleau , la somme de trente-six livres.

Lorsque lesdits Lambris seront reglez pour être verni , il sera fait une augmentation de quarante sols par toise.

Tous les Lambris qui feront cintrez , de toutes qualitez & lambris de fujétion , feront payez par eftimation.

Lambris cintrez.

Et s'il fe rencontre des portes des qualitez defdits lambris , elles feront payées fur le même pied que les lambris à deux paremens , obfervant feulement qu'elles foient quartderonnées & feüillées.

Et les Lambris à bouëment fimple remplis de panneaux de fapin , avec bâtis de chêne à bouëment, la toife fuperficielle ,

Lambris à bouëment fimple.

Pour Paris , la fomme de dix-huit livres.

Pour Verfailles , la fomme de dix-huit livres dix fols.

Pour Marly , Saint Germain & Meudon , la fomme de dix-huit livres dix fols.

Et pour Fontainebleau , la fomme de dix-huit livres.

Seront faites les Portes colées & emboëtées de bois de chêne , d'un pouce avec goujon, la toife quarrée ,

Portes de bois de chêne.

Pour Paris , la fomme de dix-huit livres.

Pour Verfailles , la fomme de dix-neuf livres.

Pour Marly , S. Germain & Meudon , la fomme de dix-neuf livres.

Et pour Fontainebleau , la fomme de dix-huit livres.

Les mêmes Portes de bois de quinze lignes , la toife fuperficielle ,

Pour Paris , la fomme de dix-neuf livres.

Pour Verfailles , la fomme de vingt-une livres.

Pour Marly , S. Germain & Meudon , la fomme de vingt-une livres.

Et pour Fontainebleau , la fomme de dix-neuf livres.

Les mêmes Portes de bois de dix-huit lignes avec clef , la toife fuperficielle ,

Pour Paris , la fomme de vingt-quatre livres.

Pour Verfailles , la fomme de vingt-cinq livres.

Pour Marly , S. Germain & Meudon , la fomme de vingt-cinq livres.

Et pour Fontainebleau , la fomme de vingt-quatre livres.

Les mêmes qualitez de Portes de bois de deux pouces d'épaiffeur , affemblées comme deffus , la toife fuperficielle ,

Pour Paris , la fomme de trente-trois livres.

Pour Verfailles , la fomme de trente-fix livres.

Pour Marly , S. Germain & Meudon , la fomme de trente-fix livres.

Et pour Fontainebleau , la fomme de trente-trois livres.

Les Portes de Caves de bois , d'un pouce & demi d'épaiffeur , avec trois barres cloüées derriere ,

Portes de caves.

Pour Paris , la fomme de huit livres.

Pour Verfailles , la fomme de neuf livres.

Pour Marly , S. Germain & Meudon , la fomme de neuf livres.

Et pour Fontainebleau , la fomme de huit livres.

Les Portes de fapin emboëtées de chêne , à rainures & languettes , pour chacune toife fuperficielle ,

Portes de fapin.

Pour Paris , la fomme de quinze livres.

Pour Verfailles, la fomme de feize livres.

Pour Marly, S. Germain & Meudon, la fomme de feize livres.

Et pour Fontainebleau, la fomme de quinze livres.

Portes de bois de chêne à panneaux.

Les Portes de chêne à panneaux recouverts ; les bâtis de bois de deux pouces fur cinq pouces de large, les panneaux de bois d'un pouce & demi, quartderonnez fur le pourtour des panneaux, & par derriere remplis de petites traverfes & montans dans les frifes, de bois de deux pouces de large & un pouce & demi d'épaiffeur, pour chacune toife,

Pour Paris, la fomme de quarante livres.

Pour Verfailles, la fomme de quarante-cinq livres.

Pour Marly, Saint Germain & Meudon, la fomme de quarante-cinq livres.

Et pour Fontainebleau, la fomme de quarante livres.

Portes de remifes de bois de fapin.

Les Portes de remifes de fapin blanchies d'un côté, à rainures & languettes, avec barres & écharpes de chêne par derriere, de cinq & fix pouces de large, & de quinze lignes ou un pouce & demi d'épaiffeur, avec deux planches de bois de chêne, fur lefquelles feront attachées les pentures, pour chacune toife quarrée,

Pour Paris, la fomme de feize livres.

Pour Verfailles, la fomme de dix-fept livres.

Pour Marly, S. Germain & Meudon, la fomme de dix-fept livres.

Et pour Fontainebleau, la fomme de feize livres.

Chambrãles des portes, croifées & cheminées.

Seront faits les Chambranles des portes, croifées & cheminées, fçavoir, ceux de quatre à cinq pouces de profil, de deux pouces d'épaiffeur, l'Architecture élegie, la toife courante,

Pour Paris, la fomme de quatre livres.

Pour Verfailles, la fomme de quatre livres cinq fols.

Pour Marly, S. Germain & Meudon, la fomme de quatre l. cinq fols.

Et pour Fontainebleau, la fomme de quatre livres.

Les autres Chambranles jufqu'à neuf pieds de haut, de cinq & fept pouces de profil, & de trois pouces d'épaiffeur, l'Architecture élegie, la toife courante,

Pour Paris, la fomme de quatre livres dix fols.

Pour Verfailles, la fomme de cinq livres.

Pour Marly, S. Germain & Meudon, la fomme de cinq livres.

Et pour Fontainebleau, la fomme de quatre livres dix fols.

Les mêmes Chambranles jufqu'à douze pieds, la toife courante,

Pour Paris, la fomme de cinq livres cinq fols.

Pour Verfailles, la fomme de fix livres.

Pour Marly, S. Germain & Meudon, la fomme de fix livres.

Et pour Fontainebleau, la fomme de cinq livres cinq fols.

Les autres Chambranles de fept à huit pouces de profil élegi, & de quatre pouces d'épaiffeur, depuis neuf jufqu'à douze pieds, la toife courante,

Pour Paris , la fomme de fept livres dix fols.

Pour Verfailles , la fomme de huit livres.

Pour Marly, S. Germain & Meudon , la fomme de huit livres.

Et pour Fontainebleau , la fomme de fept livres dix fols.

Les mêmes Chambranles, depuis douze jufqu'à quinze pieds , la toife courante ,

Pour Paris , la fomme de huit livres dix fols.

Pour Verfailles , la fomme de neuf livres dix fols.

Pour Marly , S. Germain & Meudon , la fomme de neuf liv. dix fols.

Et pour Fontainebleau , la fomme de huit livres dix fols.

Les traverfes du haut des Chambranles , qui feront cintrez & bombez , feront payez par eftimation.

Comme auffi les Cadres, Ronds & Ovales.

Seront faits les Châffis des portes de bois de chêne de quatre à cinq pouces de large , & de dix-huit lignes d'épaiffeur , feüillez & quartderonnez , la toife courante ,

Pour Paris , la fomme de deux livres cinq fols.

Pour Verfailles , la fomme de deux livres dix fols.

Pour Marly, S. Germain & Meudon , la fomme de deux liv. dix fols.

Et pour Fontainebleau , la fomme de deux livres cinq fols.

Les autres Châffis de cinq pouces de large , & de deux pouces d'épaiffeur ,

Pour Paris , la fomme de deux livres quinze fols.

Pour Verfailles , la fomme de trois livres.

Pour Marly , S. Germain & Meudon , la fomme de trois livres.

Et pour Fontainebleau , la fomme de deux livres quinze fols.

Les Châffis de bois de chêne tout unis , avec feüillures , de quatre pouces de large , de quinze à dix-huit lignes d'épaiffeur , la toife courante ,

Pour Paris , la fomme d'une livre dix fols.

Pour Verfailles , la fomme d'une livre quinze fols.

Pour Marly , S. Germain & Meudon , la fomme d'une liv. quinze fols.

Et pour Fontainebleau , la fomme d'une livre dix fols.

Les Tringles pour les Tapifferies , de trois pouces de large , d'un pouce & demi d'épaiffeur , dreffées & rabotées , de bois de chêne , la toife courante ,

Pour Paris , la fomme de douze fols.

Pour Verfailles , la fomme de douze fols.

Pour Marly , S. Germain & Meudon , la fomme de douze fols.

Et pour Fontainebleau , la fomme de douze fols.

Seront faites les Caiffes d'Orangers , fçavoir , les grandes de quatre pieds & demi de long fur cinq pieds de haut , compris fix pouces de vuide par - deffous , & fix pouces de pommes par le haut , le tout hors œuvre ; les quatre piliers de bois de fix pouces , ornez d'une pomme avec fa gorge tournée ; les traverfes par bas de quatre

à fix pouces de gros, affemblez dans les piliers à tenons & mortai-
fes, le rempliffage dans les quatre faces & fond de planches de deux
pouces, affemblez à rainures & languettes ; les faces exterieures rabotées proprement, & en état de recevoir la ferrure, fuivant & conformement à celles qui font faites à l'Orangerie du Roy, pour chacune defdites caiffes ;

Pour Paris, la fomme de foixante-dix livres.

Pour Verfailles, la fomme de foixante-dix livres.

Pour Marly, S. Germain & Meudon, la fomme de foixante-dix liv.

Et pour Fontainebleau, la fomme de foixante-dix livres.

Celles de trois pieds & demi en quarré, non compris les pommes
& les vuides du deffous, de mêmes groffeurs & façons,

Pour Paris, la fomme de foixante livres.

Pour Verfailles, la fomme de foixante livres.

Pour Marly, S. Germain & Meudon, la fomme de foixante livres.

Et pour Fontainebleau, la fomme de foixante livres.

Mêmes caiffes. Les Caiffes de trois pieds en quarré, non compris, comme deffus,
les pommes & le vuide, les piliers de cinq pouces en quarré, ornez
de boules avec leurs gorges tournées, les traverfes d'en-bas de bois
de quatre & fix pouces, & les panneaux de quatre faces, & le fond
de bois de dix-huit lignes, affemblez & rabotez des façons ci-deffus,

Pour Paris, la fomme de trente huit livres.

Pour Verfailles, la fomme de trente-huit livres.

Pour Marly, S. Germain & Meudon, la fomme de trente-huit livres.

Et pour Fontainebleau, la fomme de trente-huit livres.

Les Caiffes de deux pieds & demi en quarré, non compris le deffous & les boules ; les piliers de bois de quatre pouces, ornez comme
deffus, & les traverfes de bois de quatre pouces, & les panneaux
d'un pouce & demi, affemblez comme deffus,

Pour Paris, la fomme de trente livres.

Pour Verfailles, la fomme de trente livres.

Pour Marly, S. Germain & Meudon, la fomme de trente livres.

Et pour Fontainebleau, la fomme de trente livres.

Mêmes caiffes. Les Caiffes de deux pieds en quarré, fans comprendre les pommes & les vuides de deffous, les traverfes auffi de trois pouces de
gros, les panneaux de quinze lignes, affemblez comme deffus, pour
chacune caiffe,

Pour Paris, la fomme de vingt-quatre livres.

Pour Verfailles, la fomme de vingt-quatre livres.

Pour Marly, S. Germain & Meudon, la fomme de vingt-quatre liv.

Et pour Fontainebleau, la fomme de vingt-quatre livres.

Croifées à panneaux de verre. Les Croifées à panneaux de verre jufqu'à fix pieds de haut, & de
quatre pieds de large entre les tableaux : les châffis dormant de
deux pouces de large, & de dix-huit lignes d'épaiffeur ; les traverfes
d'en-bas portant quartderond par dehors fur l'appuy, de deux pou-

ces fur trois : les Châſſis à verre de deux pouces de large & de quinze Châſſis.
lignes d'épaiſſeur, à la reſerve de la traverſe d'en-bas portant ſon re-
verſeau, qui aura deux pouces en quarré : les battans deſdits châſſis
portant leurs meneaux ; Sçavoir, l'un de deux pouces & demi d'é-
paiſſeur ſur quatre pouces de large, avec une traverſe dans la hauteur du vuide des châſſis à verre pour les entretenir, de deux pouces
de large, & quinze lignes d'épaiſſeur, aſſemblez dans les châſſis à
verre, le tout à tenons & mortaiſes, obſervant les feüillures neceſſaires pour recevoir le verre.

Les Volets deſdites Croiſées feront briſez, ouvrans de toute leur Volets de croiſées.
hauteur, ferrez ſur le châſſis dormant ; les battans & traverſes de
bois de quinze lignes, aſſemblez à bouëment d'un côté, remplis de
panneaux de merrein de ſix à ſept lignes d'épaiſſeur, avec plattes-
bandes, pour chacun pied courant ſur la hauteur,

Sans Guichets,
Pour Paris, la ſomme de quatre livres.
Pour Verſailles, la ſomme de quatre livres cinq ſols.
Pour Marly, S. Germain & Meudon, la ſomme de quatre l. cinq ſols.
Et pour Fontainebleau, la ſomme de quatre livres.

Celles de quatre pieds & demi de large,
Pour Paris, la ſomme de quatre livres cinq ſols.
Pour Verſailles, la ſomme de quatre livres dix ſols.
Pour Marly, S. Germain & Meudon, la ſomme de quatre l. dix ſols.
Et pour Fontainebleau, la ſomme de quatre livres cinq ſols.

Et ſans Volets,
Pour Paris, la ſomme de trois livres.
Pour Verſailles, la ſomme de trois livres cinq ſols.
Pour Marly, S. Germain & Meudon, la ſomme de trois livres cinq ſ.
Et pour Fontainebleau, la ſomme de trois livres.

Celles de cinq pieds de large,
Pour Paris, la ſomme de cinq livres.
Pour Verſailles, la ſomme de cinq livres cinq ſols.
Pour Marly, S. Germain & Meudon, la ſomme de cinq liv. cinq ſols.
Et pour Fontainebleau, la ſomme de cinq livres.

Et ſans Volets,
Pour Paris, la ſomme de trois livres dix ſols.
Pour Verſailles, la ſomme de trois livres quinze ſols.
Pour Marly, S. Germain & Meudon, la ſomme de trois livres quin-
ze ſols.
Et pour Fontainebleau, la ſomme de trois livres dix ſols.

Les autres Croiſées depuis ſix juſqu'à neuf pieds feront de pareille Autres croiſées.
épaiſſeur de bois, à la reſerve qu'il y aura une traverſe dormante
portant ſon meneau, pour chacun pied courant,
Pour Paris, la ſomme de quatre livres dix ſols.
Pour Verſailles, la ſomme de quatre livres quinze ſols.

Pour Marly, Saint Germain & Meudon, la fomme de quatre livres quinze fols.

Et pour Fontainebleau, la fomme de quatre livres dix fols.

Et fans Volets,

Pour Paris, la fomme de trois livres.

Pour Verfailles, la fomme de trois livres cinq fols.

Pour Marly, S. Germain & Meudon, la fomme de trois liv. cinq fols.

Et pour Fontainebleau, la fomme de trois livres.

Croifées à carreau de verre.

Les Croifées à carreau de verre de fix pieds de haut ou environ, & de quatre pieds de large ou environ : les châffis dormant de deux pouces en quarré, la traverfe d'en-bas de deux pouces fur trois pouces & demi, à caufe du quartderond fur l'appuy : les Châffis à verre de bois, de dix-huit lignes fur deux pouces de large ; les autres portant leurs meneaux de quatre pouces fur deux pouces & demi ; les montans & traverfes des petits bois d'un pouce & demi fur quinze lignes, ornées d'un quartderond entre deux quarrez, affemblez à pointe de diamant : les Volets brifez s'ouvrant de leur hauteur, ferrez fur le dormant : les battans & traverfes de bois de quinze lignes, affemblez à bouëment d'un côté ; les panneaux remplis de merrein, colez en languettes, ornez de plattes-bandes d'un côté, pour chacun pied courant,

Pour Paris, la fomme de fix livres.

Pour Verfailles, la fomme de fix livres dix fols.

Pour Marly, S. Germain & Meudon, la fomme de fix livres dix fols.

Et pour Fontainebleau, la fomme de fix livres.

Et fans Volets,

Pour Paris, la fomme de quatre livres.

Pour Verfailles, la fomme de quatre livres cinq fols.

Pour Marly, S. Germain & Meudon, la fomme de quatre l. cinq fols.

Et pour Fontainebleau, la fomme de quatre livres.

Celles de quatre pieds de large,

Pour Paris, la fomme de fix livres.

Pour Verfailles, la fomme de fix livres quinze fols.

Pour Marly, S. Germain & Meudon, la fomme de fix liv. quinze fols.

Et pour Fontainebleau, la fomme de fix livres.

Et fans Volets,

Pour Paris, la fomme de quatre livres cinq fols.

Pour Verfailles, la fomme de quatre livres quinze fols.

Pour Marly, S. Germain & Meudon, la fomme de quatre l. quinze fols.

Et pour Fontainebleau, la fomme de quatre livres cinq fols.

Celles de cinq pieds de large,

Pour Paris, la fomme de fept livres.

Pour Verfailles, la fomme de fept livres dix fols.

Pour Marly, S. Germain & Meudon, la fomme de fept liv. dix fols.

Et pour Fontainebleau, la fomme de fept livres.

Et fans Volets ,

Pour Paris , la fomme de cinq livres.

Pour Verfailles , la fomme de cinq livres.

Pour Marly , S. Germain & Meudon , la fomme de cinq livres.

Et pour Fontainebleau , la fomme de cinq livres.

Les autres Croifées à carreau de verre jufqu'à neuf pieds de haut
fur quatre pieds & demi ou environ de large entre les tableaux :
les châffis dormant feront de deux pieds de groffeur , à la referve
de la traverfe d'en - bas , qui fera de trois pouces & demi fur deux
pouces , à caufe du quartderond fur l'appuy : les Châffis à verre dont
les battans du milieu portant leurs meneaux de quatre pouces de large fur trois pouces d'épaiffeur ; la traverfe d'en- bas portant reverfeau de trois pouces & demi d'épaiffeur fur trois pouces de haut ; les
montans & traverfes des petits bois de quinze lignes , ornez d'un
rond entre deux quarrez ; les Volets brifez s'ouvrant de leur hauteur , ferrez fur les dormans , dont les bâtis feront de quinze lignes
d'épaiffeur , affemblez à bouëment d'un côté , remplis de panneaux
de merrein , ornez de plattes-bandes , pour chacun pied courant fur
la hauteur ,

Mêmes
croifées.

Pour Paris , la fomme de fept livres.

Pour Verfailles , la fomme de fept livres dix fols.

Pour Marly , S. Germain & Meudon , la fomme de fept livres dix fols.

Et pour Fontainebleau , la fomme de fept livres..

Et fans Volets ,

Pour Paris , la fomme de cinq livres.

Pour Verfailles , la fomme de cinq livres.

Pour Marly , S. Germain & Meudon , la fomme de cinq livres.

Et pour Fontainebleau , la fomme de cinq livres.

Celles de quatre pieds & demi ,

Pour Paris , la fomme de fept livres dix fols.

Pour Verfailles , la fomme de huit livres.

Pour Marly , S. Germain & Meudon , la fomme de huit livres.

Et pour Fontainebleau , la fomme de fept livres dix fols.

Et fans Volets ,

Pour Paris , la fomme de cinq livres.

Pour Verfailles , la fomme de cinq livres.

Pour Marly , S. Germain & Meudon , la fomme de cinq livres.

Et pour Fontainebleau , la fomme de cinq livres.

Celles de cinq pieds ,

Pour Paris , la fomme de huit livres dix fols.

Pour Verfailles , la fomme de huit livres dix fols.

Pour Marly , S. Germain & Meudon , la fomme de huit livres dix
fols.

Et pour Fontainebleau , la fomme de huit livres dix fols.

Et fans Volets ,

Pour Paris, la fomme de cinq livres dix fols.

Pour Verfailles, la fomme de cinq livres dix fols.

Pour Marly, S. Germain & Meudon, la fomme de cinq livres dix fols.

Et pour Fontainebleau, la fomme de cinq livres dix fols.

Les autres Croifées de quatre pieds de largeur ou environ, de même conftruction, dont les petits bois feront ornez de quartde-ronds entre deux baguettes : les Volets affemblez à bouëment & baguette d'un côté, pour chacun pied,

Pour Paris, la fomme de fept livres dix fols.

Pour Verfailles, la fomme de huit livres.

Pour Marly, S. Germain & Meudon, la fomme de huit livres.

Et pour Fontainebleau, la fomme de fept livres dix fols.

Seront faits les Châffis à couliffe à petits bois de quatre pieds de large, de quelques hauteurs que ce puiffe être, dont les battans de deux pouces quarrez avec rainures, les traverfes de même groffeur que les battans, à l'exception de la traverfe par bas, qui portera reverfeau lorfque lefdits Châflis feront mis par dehors, & qui fera de bois de trois pouces quarrez, pour chacun pied,

Pour Paris, la fomme de deux livres quinze fols.

Pour Verfailles, la fomme de trois livres.

Pour Marly, S. Germain & Meudon, la fomme de trois livres.

Et pour Fontainebleau, la fomme de deux livres quinze fols.

Cenx de quatre pieds & demi de large,

Pour Paris, la fomme de trois livres.

Pour Verfailles, la fomme de trois livres cinq fols.

Pour Marly, S. Germain & Meudon, la fomme de trois liv. cinq fols.

Et pour Fontainebleau, la fomme de trois livres.

Ceux de cinq pieds,

Pour Paris, la fomme de trois livres cinq fols.

Pour Verfailles, la fomme de trois livres dix fols.

Pour Marly, S. Germain & Meudon, la fomme de trois livres dix fols.

Et pour Fontainebleau, la fomme de trois livres cinq fols.

Et ceux de cinq pieds & demi,

Pour Paris, la fomme de trois livres quinze fols.

Pour Verfailles, la fomme de quatre livres.

Pour Marly, S. Germain & Meudon, la fomme de quatre livres.

Et pour Fontainebleau, la fomme de trois livres quinze fols.

A PARIS,

De l'Imprimerie de JACQUES COLLOMBAT Imprimeur ordinaire du Roy,
du Cabinet, Maison, & Bâtimens de Sa Majesté. 1722.

DEVIS,
CONDITIONS, PRIX
ET ADJUDICATIONS

Des Ouvrages de Gros Fer & de Serrurerie qui font à faire,
pour être employez dans les Bâtimens du Roy, tant à
Paris, Verfailles, Marly, S. Germain, Meudon & leurs
dépendances, qu'à Fontainebleau & fes dépendances;
dreffé, fuivant les ordres de Monfeigneur LE DUC
D'ANTIN, Pair de France, &c. Directeur général des
Bâtimens, Jardins, Arts & Manufactures de Sa Majefté,
par Monfieur DE COTTE, Chevalier de l'Ordre de
Saint Michel, Confeiller du Roy, premier Architecte
& Intendant defdits Bâtimens de Sa Majefté.

PREMIEREMENT.

'Entrepreneur fournira les Fers neceffaires, de bonnes qualitez, Charbons, Voitures, & peines d'Ouvriers, & toutes chofes neceffaires pour l'entiere perfection des Ouvrages; & les gros Fers feront façonnez
des longueurs, formes & façons qui feront ordonnez
par les Contrôleurs fur leurs billets, & des groffeurs cy-après déclarées.

SCAVOIR,

Pour les Linteaux des Portes, des Croifées & Cheveftres, qui
feront d'un fer quarré, de treize à quatorze lignes de gros.

✠ G

Pour les Tirans des Chaînes & des Moufles qui feront d'un fer quarré, de neuf à dix lignes de gros.

Pour les Anchres qui feront d'un pouce de gros.

Pour les Manteaux de Cheminées, les Barres pour porter les lan-guettes, qui feront auffi d'un pouce de gros.

Tous les Tirans, Plattes-bandes, Harpons fervans à la Charpen-te, & les Eftriers qui feront d'un fer plat de deux pouces trois li-gnes de large, & quatre à cinq lignes d'épaiffeur, & les Barres de tremis.

Pour les Barres des Potagers, celles des Atres qui feront d'un mê-me fer que deffus.

Pour les Barres qui fe mettent devant les Contre-cœurs de Che-minées, qui feront d'un fer quarré de feize lignes de gros.

Pour les Barreaux des Grilles qui fe mettent aux Croifées, qui fe-ront d'un fer quarré de douze lignes de gros, & les traverfes de treize lignes.

Pour les Grilles où il faudra du Carillon, les Barreaux qui auront huit lignes de gros, & les traverfes de dix à onze lignes.

Pour les Potences de fer des qualitez qu'elles feront ordonnées, tant de fer plat que quarré.

Pour les Boulons pour la Charpente qui feront faits, auffi-bien que ceux des Efcaliers, des groffeurs qui feront ordonnées.

Pour les Maffes neceffaires à couper le plomb, qui feront d'un fer de dix-huit lignes de gros, & de cinq à fix pouces de long lefdits fers, y compris tous les clous pour les attacher, feront pefez comme le fer.

Tous lefdits Fers ci-deffus expliquez, feront payez pour chacun cent pefant.

Tous lefquels Ouvrages feront bien & dûëment faits, en telles qualitez & de telles façons qui feront neceffaires, fuivant l'Art de Serrurerie, au defir du prefent Devis. Les Entrepreneurs fourniront tous équipages, peines d'Ouvriers, & toutes chofes generalement quelconques pour l'entiere perfection d'iceux, moyennant les prix & fommes cy-après declareż fur chacune qualité, & pour lefquels lefdits Ouvrages leur feront adjugez par l'adjudication qui en fera faite au rabais à l'extinction des feux, en la maniere accoutumée; & lefquels prix leur feront payez des fonds à ce deftinez par Sa Majefté; à la charge par lefdits Entrepreneurs de donner bonne & fuffifante Cau-tion & Certificateur de leur entreprife, conformement à la Declara-tion du Roy du 7 Juin 1708, fuivant laquelle la reception defdits Ouvrages fera faite.

Le prefent DEVIS a été dreffé par Nous Robert DE COTTE, Chevalier de S. Michel, Confeiller du Roy & fon premier Architecte, Intendant general des Bâtimens de Sa Majefté, en prefence de Tres-haut & puiffant Seigneur Louis-Antoine DE PARDAILLAN DE

GONDRIN, Chevalier des Ordres du Roy, Duc d'Antin, de Montespan & de Gondrin, Seigneur des Duchez de Bellegarde & d'Epernon, Conseiller du Roy en ses Conseils, Lieutenant General de ses Armées, Gouverneur d'Orleans & Pays Orleanois, Lieutenant General pour le Roy de la haute & basse Alsace, &c. Directeur general des Bâtimens, Jardins, Arts & Manufactures de Sa Majesté; de Jacques-Charles Billaudel Conseiller du Roy, Intendant general de ses Bâtimens ; de Jacques Gabriel, Armand-Claude Mollet, & Garnier Disle Conseillers du Roy, Controlleurs generaux des Bâtimens de S. M.

Lequel DEVIS, Nous Directeur general des Bâtimens, Jardins, Arts & Manufactures du Roy, ordonnons être publié & affiché aux portes & endroits du Louvre, Palais des Tuilleries & autres Maisons Royales à Paris ; aux Portes & endroits du Château, & Hôtel des Bâtimens à Versailles; aux portes & endroits des Châteaux de Marly, Meudon, S. Germain, Fontainebleau & dépendances, & aux autres endroits & Places publiques de Paris, Versailles, Marly, Meudon, S. Germain, & Fontainebleau ; à ce que ceux qui voudront entreprendre de faire lesdits Ouvrages de Serrurerie aux clauses & conditions portées audit Devis, ayent à se trouver audit Hôtel des Bâtimens, le

dix heures du matin ; où leurs offres seront reçûës, & lesdits Ouvrages adjugez au moins disant, à l'extinction des feux en la maniere accoutumée, conformement à ladite Declaration du Roy du 7. Juin 1708. & dont l'Entrepreneur fera sa soumission. Fait à Versailles le   Signé, D'ANTIN DE GONDRIN, DE COTTE, BILLAUDEL, GABRIEL, MOLLET, ET DISLE.

DE PAR LE ROY.

PAR Adjudication faite au rabais au moins offrant & dernier Encherisseur, à l'extinction des feux, en la maniere accoutumée, conformément à la Declaration du Roy du 7. Juin 1708. en l'Hôtel des Bâtimens du Roy à Versailles.

Par Tres-haut & puissant Seigneur Messire Loüis-Antoine de Pardaillan de Gondrin, Chevalier des Ordres du Roy, Duc d'Antin, de Montespan, & de Gondrin, Seigneur des Duchez de Bellegarde & d'Epernon, Baron d'Oyron, Comte de Murat, & autres Terres, &c. Conseiller du Roy en ses Conseils, Lieutenant General des Armées de Sa Majesté, Gouverneur d'Orleans & Pays Orleanois, Lieutenant General de la haute & basse Alsace, &c. Directeur General des Bâtimens du Roy, Arts & Manufactures de France.

En la presence de Robert de Cotte, Chevalier de S. Michel, Conseiller & premier Architecte du Roy, Intendant General des Bâtimens de Sa Majesté.

De Jacques-Charles Billaudel, aussi Conseiller du Roy, Intendant General de ses Bâtimens.

De Jacques Gabriel, Armand-Claude Mollet, & Garnier Difle, Confeillers du Roy, Controlleurs Generaux defdits Bâtimens de Sa Majefté.

            dix heures du matin, des Ouvrages de Serrurerie pour les reparations & changemens qu'il conviendra faire dans les Bâtimens du Roy à Paris, Verfailles, Marly, Meudon, S. Germain, Fontainebleau, & Bâtimens en dépendans.

APPERT lefdits Ouvrages de Serrurerie pour les endroits ci-devant défignez, avoir été adjugez

comme moins offrant & dernier Encheriffeur, fur les ordres dudit Seigneur Duc d'Antin, des qualitez & façons ci-deffus, ainfi & de la maniere qu'ils font expliquez au Devis ci-devant écrit, pour le temps & efpace de   années entieres & confecutives,

             à la charge par l   Entrepreneur , de bien & duement faire & parfaire tous lefdits Ouvrages, en tel nombre, quantité & qualité qui feront neceffaires, fuivant l'Art de Serrurerie, & de faire lefd. Ouvrages aux lieux & endroits qui leur feront indiquez par les Contrôleurs defdits Bâtimens ; comme auffi à la charge de fournir de tous équipages, échafaudages, peines d'Ouvriers & tout ce qui conviendra pour l'entiere perfection defdits Ouvrages, dont la reception fera faite conformément à la fufdite Declaration du Roy, & ce moyennant les prix cy-après expliquez.

SCAVOIR,

Tous lefdits Fers ci-deffus expliquez, feront payez pour chacun cent pefant ;
Pour Paris, la fomme de feize livres.
Pour Verfailles, la fomme de feize livres dix fols.
Pour Marly, S. Germain, & Meudon, la fomme de feize livres dix fols.
Et pour Fontainebleau, la fomme de dix-huit livres.
Les Fantons qui s'employeront dans les Cheminées qui feront d'un petit fer fendu, fuivant le modéle approuvé, chacun cent pefant feront payez,
Pour Paris, la fomme de vingt livres.
Pour Verfailles, la fomme de vingt livres dix fols.
Pour Marly, S. Germain & Meudon, la fomme de vingt liv. dix fols.
Et pour Fontainebleau, la fomme de vingt-deux livres.
Les Boëtes des Robinets qui feront faites d'un gros fer plat, des formes & façons qui feront ordonnées, chacun cent pefant feront payez,

Pour Paris, la fomme de vingt-cinq livres.
Pour Verfailles, la fomme de vingt-cinq livres.
Pour Marly, S. Germain & Meudon, la fomme de vingt-cinq livres.
Et pour Fontainebleau, la fomme de vingt-cinq livres.

Les clefs à Doüilles fervant aux Robinets, qui feront faites ainfi qu'il fera ordonné, chacun cent pefant feront payez,
Pour Paris, la fomme de vingt-cinq livres.
Pour Verfailles, la fomme de vingt-cinq livres.
Pour Marly, S. Germain & Meudon, la fomme de vingt-cinq livres.
Et pour Fontainebleau, la fomme de vingt-cinq livres.

Les Tournes à gauche qui feront faits comme il fera ordonné, le cent pefant feront payez,
Pour Paris, la fomme de vingt livres.
Pour Verfailles, la fomme de vingt livres.
Pour Marly, S. Germain & Meudon, la fomme de vingt livres,
Et pour Fontainebleau, la fomme de vingt livres.

Les Fers pour les Treillages droits & cintrez, depuis fix pouces jufqu'à douze pouces de haut, les Pilaftres qui feront de fer de treize lignes de gros, avec un Ambafe par le bas, & les Entretoifes qui feront d'un fer de Carillon de fept à huit lignes de gros, feront faites comme il fera ordonné, chacun cent pefant feront payez,
Pour Paris, la fomme de vingt-deux livres dix fols.
Pour Verfailles, la fomme de vingt-deux livres dix fols.
Pour Marly, S. Germain & Meudon, la fomme de vingt-deux liv. dix f.
Et pour Fontainebleau, la fomme de vingt-deux livres dix fols.

Les Treillages à hauteur d'appui, les Pilaftres qui feront d'un fer de dix à onze lignes de gros, & les Entretoifes de neuf lignes, & fera obfervé un Ambafe en pilaftres. L'Entrepreneur fera obligé de les fceller en plomb qui luy fera fourni par le Roy, ainfi que le tout en fera ordonné fur le pied & le cent pefant,
Pour Paris, la fomme de vingt-deux livres dix fols.
Pour Verfailles, Marly, S. Germain & Meudon, la fomme de vingt-deux livres dix fols.
Et pour Fontainebleau, la fomme de vingt-deux livres dix fols.

Les Fers des Equipages des Soupapes, tant quarrez que plats, qui feront fcellez par l'Entrepreneur en plomb, qui luy fera fourni des Magafins du Roy ; chacun cent pefant feront payez,
Pour Paris, la fomme de vingt livres.
Pour Verfailles, Marly, S. Germain & Meudon, la fomme de vingt l.
Et pour Fontainebleau, la fomme de vingt livres.

Les Vis pour lever les Soupapes filetées de fix pouces, qui feront payées à la piece chacune,
Pour Paris, la fomme de dix livres.
Pour Verfailles, Marly, S. Germain & Meudon, la fomme de dix liv.
Et pour Fontainebleau, la fomme de dix livres.

✳ G iij

Les Tringles des Vis, qui feront pesées & payées comme les gros fers ci-deffus, chacun cent pefant;
Pour Paris, la fomme de vingt livres.
Pour Verfailles, la fomme de vingt livres.
Pour Marly, S. Germain & Meudon, la fomme de vingt livres.
Et pour Fontainebleau, la fomme de vingt livres.

Les Vis filetées depuis dix pouces jufqu'à dix-huit, qui feront payées à la piece,
Pour Paris, la fomme de quatorze livres.
Pour Verfailles, Marly, S. Germ. & Meudon, la fomme de quatorze l.
Et pour Fontainebleau, la fomme de quatorze livres.

Les Tringles defdits Vis, qui feront pefées & payées comme le gros fer ci-deffus, chacun cent pefant;
Pour Paris, la fomme de vingt livres.
Pour Verfailles, la fomme de vingt livres.
Pour Marly, S. Germain & Meudon, la fomme de vingt livres.
Et pour Fontainebleau, la fomme de vingt livres.

Les Réchauds avec les Tringles qui feront de fer de petit Carillon, dont un Réchaud de fix pouces de diametre pefera quinze à feize livres, un de fept pouces de diametre pefera vingt livres, & les autres à proportion, chacun cent pefant feront payez;
Pour Paris, la fomme de vingt-cinq livres.
Pour Verfailles, Marly, S. Germ. & Meudon, la fomme de vingt cinq l.
Et pour Fontainebleau, la fomme de vingt-cinq livres.

Les Crocs pour tirer la glace, ainfi qu'ils feront ordonnez par le Contrôleur, feront payez au cent pefant, à raifon de
Pour Paris, la fomme de vingt-cinq livres.
Pour Verfailles, Marly, S. Germ. & Meudon, la fomme de vingt-cinq l.
Et pour Fontainebleau, la fomme de vingt-cinq livres.

Les vieux Clous de Charettes feront payez au cent pefant, à raifon de
Pour Paris, la fomme de vingt-cinq livres.
Pour Verfailles, la fomme de vingt-cinq livres.
Pour Marly, S. Germain & Meudon, la fomme de vingt-cinq livres.
Et pour Fontainebleau, la fomme de vingt-cinq livres.

Les Fers pour les Barrieres, qui feront d'un fer de huit lignes de gros pour les montans, & les Plattes-bandes d'un fer plat, pareil à ceux qui font en place, & fera pofé par l'Entrepreneur, & payé au cent pefant;
Pour Paris, la fomme de vingt livres.
Pour Verfailles, la fomme de vingt livres.
Pour Marly, S. Germain & Meudon, la fomme de vingt livres.
Et pour Fontainebleau, la fomme de vingt livres.

Les Clous neufs de quatre, fix, huit, dix & douze, feront d'un fer doux & délié, & payé chacun cent pefant;

Pour Paris, la somme de trente-quatre livres dix sols.
Pour Versailles, la somme de trente-quatre livres dix sols.
Pour Marly, S. Germain & Meudon, la somme de trente-quatre l. dix s.
Et pour Fontainebleau, la somme de trente-quatre livres dix sols.

Les Broquettes pour attacher les pattes, seront payées le cent pesant, à raison de
Pour Paris, la somme de soixante & dix livres.
Pour Versailles, la somme de soixante & dix livres.
Pour Marly, S. Germain & Meudon, la somme de soixante & dix l.
Et pour Fontainebleau, la somme de soixante & dix livres.

Les Clous à lattes seront aussi payez à l'Entrepreneur, le cent pesant, à raison de
Pour Paris, la somme de quarante-quatre livres.
Pour Versailles, la somme de quarante-quatre livres.
Pour Marly, S. Germain & Meudon, la somme de quarante-quatre l.
Et pour Fontainebleau, la somme de quarante-quatre livres.

Les Chevilles de fer seront payées le cent pesant, à raison de
Pour Paris, la somme de vingt-cinq livres.
Pour Versailles, Marly, S. Germ. & Meudon, la somme de vingt-cinq l.
Et pour Fontainebleau, la somme de vingt-cinq livres.

Le cent de broches de fer à Chambranles, dont les têtes seront bien limées, & suivant les modéles, seront payez pour chacun cent de compte;
Pour Paris, la somme de cinq livres.
Pour Versailles, Marly, S. Germain & Meudon, la somme de cinq liv.
Et pour Fontainebleau, la somme de cinq livres.

Le cent de Pattes suivant les modéles, tant en bois, en plâtre, Chambranles, Contre-cœurs & Lambris, seront payées pour chacun cent de compte;
Pour Paris, la somme de quatre livres.
Pour Versailles, Marly, S. Germain & Meudon, la somme de quatre l.
Et pour Fontainebleau, la somme de quatre livres.

Les Pattes de sujétion, depuis cinq pouces jusqu'à huit, seront payées pour chacun cent;
Pour Paris, la somme de dix-sept livres dix sols.
Pour Versailles, la somme de dix-sept livres dix sols.
Pour Marly, S. Germain & Meudon, la somme de dix-sept l. dix sols.
Et pour Fontainebleau, la somme de dix-sept livres dix sols.

Les Ebauchoirs pour couper les plombs, seront faits suivant les modéles, & payé chacun Ebauchoir;
Pour Paris, la somme de vingt sols.
Pour Versailles, Marly, S. Germain & Meudon, la somme de vingt s.
Et pour Fontainebleau, la somme de vingt sols.

Le cent pesant de vieux fer sera payé à l'Entrepreneur qui le façonnera, à raison de cinq livres.

AUTRES OUVRAGES DE SERRURERIE,
qui feront faits fuivant les modéles qui en feront approuvez.

SCAVOIR,

Les Fiches à Vazes & à Gonds.

Une Fiche à Vazes & à Gonds d'un pied entre-vazes, à raifon de

Pour Paris, la fomme de cinquante-cinq fols.
Pour Verfailles, la fomme de cinquante-cinq fols.
Pour Marly, S. Germain & Meudon, la fomme de cinquante-cinq fols.
Et pour Fontainebleau, la fomme de cinquante-cinq fols.

Une Fiche à Vazes & à Gonds de dix pouces entre-vazes, à raifon de

Pour Paris, la fomme de quarante-cinq fols.
Pour Verfailles, la fomme de quarante-cinq fols.
Pour Marly, S. Germain & Meudon, la fomme de quarante-cinq f.
Et pour Fontainebleau, la fomme de quarante-cinq fols.

Une Fiche de neuf pouces, à raifon de
Pour Paris, la fomme de trente fols.
Pour Verfailles, Marly, S. Germain & Meudon, la fomme de trente fols.
Et pour Fontainebleau, la fomme de trente fols.

Une Fiche de huit pouces, à raifon de
Pour Paris, la fomme de vingt-huit fols.
Pour Verfailles, la fomme de vingt-huit fols.
Pour Marly, S. Germain & Meudon, la fomme de vingt-huit fols.
Et pour Fontainebleau, la fomme de vingt-huit fols.

Une Fiche de fept pouces, à raifon de
Pour Paris, la fomme de vingt-cinq fols.
Pour Verfailles, la fomme de vingt-cinq fols.
Pour Marly, S Germain & Meudon, la fomme de vingt-cinq fols.
Et pour Fontainebleau, la fomme de vingt-cinq fols.

Une Fiche de fix pouces, à raifon de
Pour Paris, la fomme de quinze fols.
Pour Verfailles, Marly, S. Germain & Meudon, la fomme de quinze f.
Et pour Fontainebleau, la fomme de quinze fols.

Une Fiche de cinq pouces, à raifon de
Pour Paris, la fomme de douze fols.
Pour Verfailles, Marly, S. Germain & Meudon, la fomme de douze fols.
Et pour Fontainebleau, la fomme de douze fols.

Une Fiche de quatre pouces, à raifon de
Pour Paris, la fomme de dix fols.
Pour Verfailles, Marly, S. Germain & Meudon, la fomme de dix fols.
Et pour Fontainebleau, la fomme de dix fols.

Une Fiche de trois pouces, à raison de
Pour Paris, la somme de huit sols.
Pour Versailles, Marly, S. Germain & Meudon, la somme de huit s.
Et pour Fontainebleau, la somme de huit sols.
Une Fiche de deux pouces, à raison de
Pour Paris, la somme de sept sols.
Pour Versailles, Marly, S. Germain & Meudon, la somme de sept sols.
Et pour Fontainebleau, la somme de sept sols.

Les Fiches à Gonds & à Vazes coudées.

Une Fiche d'un pied, à raison de
Pour Paris, la somme de cinquante-cinq sols.
Pour Versailles, la somme de cinquante-cinq sols.
Pour Marly, S. Germ. & Meudon, la somme de cinquante-cinq sols.
Et pour Fontainebleau, la somme de cinquante-cinq sols.
Une Fiche de dix pouces, à raison de
Pour Paris, la somme de deux livres dix sols.
Pour Versailles, la somme de deux livres dix sols.
Pour Marly, S. Germain & Meudon, la somme de deux livres dix sols.
Et pour Fontainebleau, la somme de deux livres dix sols.
Une Fiche de neuf pouces, à raison de
Pour Paris, la somme quarante-huit sols.
Pour Versailles, la somme de quarante-huit sols.
Pour Marly, S. Germain & Meudon, la somme de quarante-huit sols.
Et pour Fontainebleau, la somme de quarante-huit sols.
Une Fiche de huit pouces, à raison de
Pour Paris, la somme quarante-cinq sols.
Pour Versailles, la somme de quarante-cinq sols.
Pour Marly, S. Germain & Meudon, la somme de quarante-cinq s.
Et pour Fontainebleau, la somme de quarante-cinq sols.
Une Fiche de sept pouces, à raison de
Pour Paris, la somme de quarante-deux sols.
Pour Versailles, la somme de quarante-deux sols.
Pour Marly, S. Germain & Meudon, la somme de quarante-deux s.
Et pour Fontainebleau, la somme de quarante-deux sols.
Une Fiche de six pouces, à raison de
Pour Paris, la somme de quarante sols.
Pour Versailles, la somme de quarante sols.
Pour Marly, S. Germain & Meudon, la somme de quarante sols.
Et pour Fontainebleau, la somme de quarante sols.
Une de cinq pouces, à raison de
Pour Paris, la somme de quarante sols.
Pour Versailles, la somme de quarante sols.
Pour Marly, S. Germain & Meudon, la somme de quarante sols.
Et pour Fontainebleau, la somme de quarante sols.
Une de quatre pouces, à raison de

Pour Paris, la fomme de une livre quinze fols.
Pour Verfailles, Marly, S. Germ. & Meudon, la fomme de une l. quinze f.
Et pour Fontainebleau, la fomme de une livre quinze fols.
 Une de trois pouces, à raifon de
Pour Paris, la fomme de trente fols.
Pour Verfailles, la fomme de trente fols.
Pour Marly, S. Germain & Meudon, la fomme de trente fols.
Et pour Fontainebleau, la fomme de trente fols.

Les Fiches à doubles nœuds & à vazes mefurées entre-vazes.

 Une Fiche d'un pied, à raifon de
Pour Paris, la fomme de quatre livres dix fols.
Pour Verfailles, la fomme de quatre livres dix fols.
Pour Marly, S. Germain & Meudon, la fomme de quatre liv. dix fols.
Et pour Fontainebleau, la fomme de quatre livres dix fols.
 Une Fiche d'onze pouces, à raifon de
Pour Paris, la fomme de quatre livres.
Pour Verfailles, Marly, S. Germain & Meudon, la fomme de quatre liv.
Et pour Fontainebleau, la fomme de quatre livres.
 Une Fiche de dix pouces, à raifon de
Pour Paris, la fomme de trois livres quinze fols.
Pour Verfailles, la fomme de trois livres quinze fols.
Pour Marly, S. Germain & Meudon, la fomme de trois liv. quinze fols.
Et pour Fontainebleau, la fomme de trois livres quinze fols.
 Une Fiche de neuf pouces, à raifon de
Pour Paris, la fomme de trois livres dix fols.
Pour Verfailles, la fomme de trois livres dix fols.
Pour Marly, S. Germain & Meudon, la fomme de trois liv. dix fols.
Et pour Fontainebleau, la fomme de trois livres dix fols.
 Une Fiche de huit pouces, à raifon de
Pour Paris, la fomme de trois livres.
Pour Verfailles, Marly, S. Germain & Meudon, la fomme de trois liv.
Et pour Fontainebleau, la fomme de trois livres.
 Une Fiche de fept pouces, à raifon de
Pour Paris, la fomme de deux livres quinze fols.
Pour Verfailles, la fomme de deux livres quinze fols.
Pour Marly, S. Germain & Meudon, la fomme de deux liv. quinze fols.
Et pour Fontainebleau, la fomme de deux livres quinze fols.
 Une Fiche de fix pouces, à raifon de
Pour Paris, la fomme de quarante fols.
Pour Verfailles, la fomme de quarante fols.
Pour Marly, S. Germain & Meudon, la fomme de quarante fols.
Et pour Fontainebleau, la fomme de quarante fols.
 Une de cinq pouces, à raifon de
Pour Paris, la fomme de trente fols.

Pour Verſailles, la ſomme de trente ſols.
Pour Marly, S. Germain & Meudon, la ſomme de trente ſols.
Et pour Fontainebleau, la ſomme de trente ſols.
  Une de quatre pouces, à raiſon de
Pour Paris, la ſomme de vingt-cinq ſols.
Pour Verſailles, la ſomme de vingt-cinq ſols.
Pour Marly, S. Germain & Meudon, la ſomme de vingt-cinq ſols.
Et pour Fontainebleau, la ſomme de vingt-cinq ſols.
  Une de trois pouces, à raiſon de
Pour Paris, la ſomme de vingt ſols.
Pour Verſailles, Marly, S. Germ. & Meudon, la ſomme de vingt ſols.
Et pour Fontainebleau, la ſomme de vingt ſols.

Les Fiches à doubles nœufs de briſures.

  Une Fiche de ſix pouces, à raiſon de
Pour Paris, la ſomme de vingt-huit ſols.
Pour Verſailles, la ſomme de vingt-huit ſols.
Pour Marly, S. Germain & Meudon, la ſomme de vingt-huit ſols.
Et pour Fontainebleau, la ſomme de vingt-huit ſols.
  Une de cinq pouces, à raiſon de
Pour Paris, la ſomme de vingt ſols.
Pour Verſailles, la ſomme de vingt ſols.
Pour Marly, S. Germain & Meudon, la ſomme de vingt ſols.
Et pour Fontainebleau, la ſomme de vingt ſols.
  Une de quatre pouces, à raiſon de
Pour Paris, la ſomme de dix-huit ſols.
Pour Verſailles, Marly, S. Germ. & Meudon, la ſomme de dix-huit ſ.
Et pour Fontainebleau, la ſomme de dix-huit ſols.
  Une de trois pouces & trois pouces & demi, à raiſon de
Pour Paris, la ſomme de huit ſols.
Pour Verſailles, Marly, S. Germain & Meudon, la ſomme de huit ſols.
Et pour Fontainebleau, la ſomme de huit ſols.
  Une de deux pouces & demi, à raiſon de
Pour Paris, la ſomme de ſix ſols.
Pour Verſailles, Marly, S. Germain & Meudon, la ſomme de ſix ſols.
Et pour Fontainebleau, la ſomme de ſix ſols.

Les Fiches à gonds à repos avec leurs gonds, de quinze pouces de long,
& à proportion.

  Une Fiche de ſix pouces, à raiſon de
Pour Paris, la ſomme de quatre livres quinze ſols.
Pour Verſailles, la ſomme de quatre livres quinze ſols.
Pour Marly, S. Germ. & Meudon, la ſomme de quatre liv. quinze ſols.
Et pour Fontainebleau, la ſomme de quatre livres quinze ſols.
  Une de cinq pouces, à raiſon de

Pour Paris, la fomme de quatre livres.

Pour Verfailles, la fomme de quatre livres.

Pour Marly, S. Germain & Meudon, la fomme de quatre livres.

Et pour Fontainebleau, la fomme de quatre livres.

 Une de quatre pouces, à raifon de

Pour Paris, la fomme de quarante-cinq fols.

Pour Verfailles, la fomme de quarante-cinq fols.

Pour Marly, S. Germain & Meudon, la fomme de quarante-cinq fols.

Et pour Fontainebleau, la fomme de quarante-cinq fols.

 Une de deux à trois pouces, à raifon de

Pour Paris, la fomme de trente-cinq fols.

Pour Verfailles, la fomme de trente-cinq fols.

Pour Marly, S. Germain & Meudon, la fomme de trente-cinq fols.

Et pour Fontainebleau, la fomme de trente-cinq fols.

Les Verroüils, Targettes & Loëteaux à pannaches ~vuidées & polies avec leurs crampons attachez aux ~vis.

 Un de fix pouces, à raifon de

Pour Paris, la fomme de dix-huit fols.

Pour Verfailles, la fomme de dix-huit fols.

Pour Marly, S. Germain & Meudon, la fomme de dix-huit fols.

Et pour Fontainebleau, la fomme de dix-huit fols.

 Un de cinq pouces, à raifon de

Pour Paris, la fomme de feize fols.

Pour Verfailles, la fomme de feize fols.

Pour Marly, S. Germain & Meudon, la fomme de feize fols.

Et pour Fontainebleau, la fomme de feize fols.

 Un de quatre pouces, à raifon de

Pour Paris, la fomme de dix fols.

Pour Verfailles, Marly, S. Germain & Meudon, la fomme de dix fols.

Et pour Fontainebleau, la fomme de dix fols.

 Un de deux à trois pouces, à raifon de

Pour Paris, la fomme de neuf fols.

Pour Verfailles, Marly, S. Germain & Meudon, la fomme de neuf fols.

Et pour Fontainebleau, la fomme de neuf fols.

 Un de huit pouces, jufqu'à neuf & dix, à raifon de

Pour Paris, la fomme de quarante-cinq fols.

Pour Verfailles, la fomme de quarante-cinq fols.

Pour Marly, S. Germain & Meudon, la fomme de quarante-cinq f.

Et pour Fontainebleau, la fomme de quarante-cinq fols.

 Un d'un pied, à raifon de

Pour Paris, la fomme de deux livres cinq fols.

Pour Verfailles, la fomme de deux livres cinq fols.

Pour Marly, S. Germain & Meudon, la fomme de deux liv. cinq fols.

Et pour Fontainebleau, la fomme de deux livres cinq fols.

Les verroüils communs à reffort , avec leurs crampons & conduits.

Un de quatre à cinq pouces, à raifon de
Pour Paris, la fomme de dix fols.
Pour Verfailles, la fomme de dix fols.
Pour Marly, S. Germain & Meudon, la fomme de dix fols.
Et pour Fontainebleau, la fomme de dix fols.
Un de trois à quatre pouces, à raifon de
Pour Paris, la fomme de huit fols.
Pour Verfailles, la fomme de huit fols.
Pour Marly , S. Germain & Meudon, la fomme de huit fols.
Et pour Fontainebleau, la fomme de huit fols.
Un de fix à fept pouces, à raifon de
Pour Paris , la fomme de douze fols.
Pour Verfailles, la fomme de douze fols.
Pour Marly, S. Germain & Meudon, la fomme de douze fols.
Et pour Fontainebleau, la fomme de douze fols.
Un de huit pouces, à raifon de
Pour Paris, la fomme de quatorze fols.
Pour Verfailles , la fomme de quatorze fols.
Pour Marly, S. Germain & Meudon, la fomme de quatorze fols.
Et pour Fontainebleau, la fomme de quatorze fols.
Un d'un pied , à raifon de
Pour Paris, la fomme de vingt fols.
Pour Verfailles, la fomme de vingt fols.
Pour Marly, S. Germain & Meudon, la fomme de vingt fols.
Et pour Fontainebleau, la fomme de vingt fols.
Un de dix-huit pouces, à raifon de
Pour Paris, la fomme de vingt-huit fols.
Pour Verfailles, la fomme de vingt-huit fols.
Pour Marly, S. Germain & Meudon, la fomme de vingt-huit fols.
Et pour Fontainebleau, la fomme de vingt-huit fols.
Un de deux pieds, à raifon de
Pour Paris , la fomme de trente fols.
Pour Verfailles, la fomme de trente fols.
Pour Marly, S. Germain & Meudon, la fomme de trente fols.
Et pour Fontainebleau, la fomme de trente fols.
Un de trois pieds, à raifon de
Pour Paris, la fomme de quarante-cinq fols.
Pour Verfailles, la fomme de quarante-cinq fols.
Pour Marly, S. Germain & Meudon, la fomme de quarante-cinq fols.
Et pour Fontainebleau, la fomme de quarante-cinq fols.
Un de quatre pieds, à raifon de
Pour Paris, la fomme de cinquante fols.
Pour Verfailles, la fomme de cinquante fols.

Pour Marly, S. Germain & Meudon, la somme de cinquante sols.

Et pour Fontainebleau, la somme de cinquante sols.

    Un de cinq pieds, à raison de

Pour Paris, la somme de trois livres quinze sols.

Pour Versailles, la somme de trois livres quinze sols.

Pour Marly, S. Germain & Meudon, la somme de trois liv. quinze s.

Et pour Fontainebleau, la somme de trois livres quinze sols.

    Un de six pieds, à raison de

Pour Paris, la somme de quatre livres dix sols.

Pour Versailles, la somme de quatre livres dix sols.

Pour Marly, S. Germain & Meudon, la somme de quatre l. dix sols.

Et pour Fontainebleau, la somme de quatre livres dix sols.

Les Verroüils à ressort polis à pannaches, avec leurs crampons polis avec vis.

    Un de six pouces, à raison de

Pour Paris, la somme de vingt sols.

Pour Versailles, la somme de vingt sols.

Pour Marly, S. Germain & Meudon, la somme de vingt sols.

Et pour Fontainebleau, la somme de vingt sols.

    Un de huit pouces, à raison de

Pour Paris, la somme de vingt-cinq sols.

Pour Versailles, la somme de vingt-cinq sols.

Pour Marly, S. Germain & Meudon, la somme de vingt-cinq sols.

Et pour Fontainebleau, la somme de vingt-cinq sols.

    Un de dix pouces, à raison de

Pour Paris, la somme de vingt-cinq sols.

Pour Versailles, la somme de vingt-cinq sols.

Pour Marly, S. Germain & Meudon, la somme de vingt-cinq sols.

Et pour Fontainebleau, la somme de vingt-cinq sols.

    Un de douze pouces, à raison de

Pour Paris, la somme de trente sols.

Pour Versailles, la somme de trente sols.

Pour Marly, S. Germain & Meudon, la somme de trente sols.

Et pour Fontainebleau, la somme de trente sols.

    Un de quinze pouces, à raison de

Pour Paris, la somme de trente-huit sols.

Pour Versailles, la somme de trente-huit sols.

Pour Marly, S. Germain & Meudon, la somme de trente-huit sols.

Et pour Fontainebleau, la somme de trente-huit sols.

    Un de dix-huit pouces, à raison de

Pour Paris, la somme de quarante-cinq sols.

Pour Versailles, la somme de quarante-cinq sols.

Pour Marly, S. Germain & Meudon, la somme de quarante-cinq sols.

Et pour Fontainebleau, la somme de quarante-cinq sols.

    Un de deux pieds, à raison de

Pour Paris, la fomme de cinquante-quatre fols.
Pour Verfailles, la fomme de cinquante-quatre fols.
Pour Marly, S. Germ. & Meudon, la fomme de cinquante-quatre f.
Et pour Fontainebleau, la fomme de cinquante-quatre fols.
 Un de deux pieds & demi, à raifon de
Pour Paris, la fomme de cinquante-cinq fols.
Pour Verfailles, la fomme de cinquante-cinq fols.
Pour Marly, S. Germain & Meudon, la fomme de cinquante-cinq f.
Et pour Fontainebleau, la fomme de cinquante-cinq fols.
 Un de trois pieds, à raifon de
Pour Paris, la fomme de cinquante-cinq fols.
Pour Verfailles, la fomme de cinquante-cinq fols.
Pour Marly, S. Germain & Meudon, la fomme de cinquante-cinq fols.
Et pour Fontainebleau, la fomme de cinquante-cinq fols.
 Un de trois pieds & demi, à raifon de
Pour Paris, la fomme de cinquante-fix fols.
Pour Verfailles, la fomme de cinquante-fix fols.
Pour Marly, S. Germain & Meudon, la fomme de cinquante-fix f.
Et pour Fontainebleau, la fomme de cinquante-fix fols.
 Un de quatre pieds, à raifon de
Pour Paris, la fomme de trois livres dix fols.
Pour Verfailles, la fomme de trois livres dix fols.
Pour Marly, S. Germain & Meudon, la fomme de trois livres dix fols.
Et pour Fontainebleau, la fomme de trois livres dix fols.
 Un de quatre pieds & demi, à raifon de
Pour Paris, la fomme de trois livres quinze fols.
Pour Verfailles, la fomme de trois livres quinze fols.
Pour Marly, S. Germain & Meudon, la fomme de trois livres quinze f.
Et pour Fontainebleau, la fomme de trois livres quinze fols.
 Un de cinq pieds, à raifon de
Pour Paris, la fomme de quatre livres.
Pour Verfailles, la fomme de quatre livres.
Pour Marly, S. Germain & Meudon, la fomme de quatre livres.
Et pour Fontainebleau, la fomme de quatre livres.
 Un de cinq pieds & demi, à raifon de
Pour Paris, la fomme de quatre livres cinq fols.
Pour Verfailles, la fomme de quatre livres cinq fols.
Pour Marly, S. Germain & Meudon, la fomme de quatre liv. cinq fols.
Et pour Fontainebleau, la fomme de quatre livres cinq fols.
 Un de fix pieds, à raifon de
Pour Paris, la fomme de quatre livres dix fols.
Pour Verfailles, la fomme de quatre livres dix fols.
Pour Marly, S. Germain & Meudon, la fomme de quatre liv. dix fols.
Et pour Fontainebleau, la fomme de quatre livres dix fols.
 Un de fix pieds & demi, à raifon de

Pour Paris, la fomme de cinq livres.
Pour Verfailles, la fomme de cinq livres.
Pour Marly, S. Germain & Meudon, la fomme de cinq livres.
Et pour Fontainebleau, la fomme de cinq livres.
 Un de fept pieds, à raifon de
Pour Paris, la fomme de cinq livres cinq fols.
Pour Verfailles, la fomme de cinq livres cinq fols.
Pour Marly, S. Germ. & Meudon, la fomme de cinq livres cinq fols.
Et pour Fontainebleau, la fomme de cinq livres cinq fols.
 Un de fept pieds & demi, à raifon de
Pour Paris, la fomme de cinq livres dix fols.
Pour Verfailles, la fomme de cinq livres dix fols.
Pour Marly, S. Germain & Meudon, la fomme de cinq livres dix fols.
Et pour Fontainebleau, la fomme de cinq livres dix fols.

Les Serrures polies à tour & demi ou pêne dormant, forées ou benardées, avec leurs gâches encloifonnées, clous à vis & écrous.

 Une de quatre pouces, à raifon de
Pour Paris, la fomme de trois livres.
Pour Verfailles, la fomme de trois livres.
Pour Marly, S. Germain & Meudon, la fomme de trois livres.
Et pour Fontainebleau, la fomme de trois livres.
 Une de trois pouces, à raifon de
Pour Paris, la fomme de trois livres.
Pour Verfailles, la fomme de trois livres.
Pour Marly, S. Germain & Meudon, la fomme de trois livres.
Et pour Fontainebleau, la fomme de trois livres.
 Une de deux pouces, à raifon de
Pour Paris, la fomme de cinquante-cinq fols.
Pour Verfailles, la fomme de cinquante-cinq fols.
Pour Marly, S. Germain & Meudon, la fomme de cinquante-cinq f.
Et pour Fontainebleau, la fomme de cinquante-cinq fols.
 Une de cinq pouces, à raifon de
Pour Paris, la fomme de fix livres.
Pour Verfailles, la fomme de fix livres.
Pour Marly, S. Germain & Meudon, la fomme de fix livres.
Et pour Fontainebleau, la fomme de fix livres.
 Une de fix pouces, à raifon de
Pour Paris, la fomme de fept livres.
Pour Verfailles, la fomme de fept livres.
Pour Marly, S. Germain & Meudon, la fomme de fept livres.
Et pour Fontainebleau, la fomme de fept livres.
 Une de fept pouces, à raifon de
Pour Paris, la fomme de fept livres quinze fols.
Pour Verfailles, la fomme de fept livres quinze fols.

Pour Marly, S. Germain & Meudon, la somme de sept l. quinze sols.
Et pour Fontainebleau, la somme de sept livres quinze sols.
   Une de huit pouces, à raison de
Pour Paris, la somme de neuf livres.
Pour Versailles, la somme de neuf livres.
Pour Marly, S. Germain & Meudon, la somme de neuf livres.
Et pour Fontainebleau, la somme de neuf livres.

Les Serrures poussées au carreau, qui se démontent à tour & demi ou pêne
dormant, avec leurs gâches convenables, clous à vis & écrous : le tout
foré & benardé, gâché, encloisonné ou non.

   Une de trois à quatre pouces, à raison de
Pour Paris, la somme de quarante-cinq sols.
Pour Versailles, la somme de quarante-cinq sols.
Pour Marly, S. Germain & Meudon, la somme de quarante-cinq s.
Et pour Fontainebleau, la somme de quarante-cinq sols.
   Une de cinq pouces, à raison de
Pour Paris, la somme de trois livres dix sols.
Pour Versailles, la somme de trois livres dix sols.
Pour Marly, S. Germain & Meudon, la somme de trois livres dix sols.
Et pour Fontainebleau, la somme de trois livres dix sols.
   Une de six pouces, à raison de
Pour Paris, la somme de cinq livres.
Pour Versailles, la somme de cinq livres.
Pour Marly, S. Germain & Meudon, la somme de cinq livres.
Et pour Fontainebleau, la somme de cinq livres.
   Une de sept pouces, à raison de
Pour Paris, la somme de six livres.
Pour Versailles, la somme de six livres.
Pour Marly, S. Germain & Meudon, la somme de six livres.
Et pour Fontainebleau, la somme de six livres.
   Une de huit pouces, à raison de
Pour Paris, la somme de six livres dix sols.
Pour Versailles, la somme de six livres dix sols.
Pour Marly, S. Germain & Meudon, la somme de six livres dix sols.
Et pour Fontainebleau, la somme de six livres dix sols.
   Une de neuf pouces, à raison de
Pour Paris, la somme de sept livres.
Pour Versailles, la somme de sept livres.
Pour Marly, S. Germain & Meudon, la somme de sept livres.
Et pour Fontainebleau, la somme de sept livres.

Les Serrures communes à tour & demi ou pêne dormant, forées ou benardées,
avec leurs gâches en bois ou en plâtre.

   Une de quatre pouces, à raison de

Pour Paris, la somme de quarante sols.
Pour Verfailles, la somme de quarante sols.
Pour Marly, S. Germain & Meudon, la somme de quarante sols.
Et pour Fontainebleau, la somme de quarante sols.
    Une de trois pouces, à raison de
Pour Paris, la somme de quarante sols.
Pour Verfailles, la somme de quarante sols.
Pour Marly, S. Germain & Meudon, la somme de quarante sols.
Et pour Fontainebleau, la somme de quarante sols.
    Une de cinq pouces, à raison de
Pour Paris, la somme de trois livres.
Pour Verfailles, la somme de trois livres.
Pour Marly, S. Germain & Meudon, la somme de trois livres.
Et pour Fontainebleau, la somme de trois livres.
    Une de six pouces, à raison de
Pour Paris, la somme de quatre livres.
Pour Verfailles, la somme de quatre livres.
Pour Marly, S. Germain & Meudon, la somme de quatre livres.
Et pour Fontainebleau, la somme de quatre livres.
    Une de sept pouces, à raison de
Pour Paris, la somme de cinq livres.
Pour Verfailles, la somme de cinq livres.
Pour Marly, S. Germain & Meudon, la somme de cinq livres.
Et pour Fontainebleau, la somme de cinq livres.
    Une de huit pouces, à raison de
Pour Paris, la somme de cinq livres dix sols.
Pour Verfailles, la somme de cinq livres dix sols.
Pour Marly, S. Germain & Meudon, la somme de cinq livres dix sols.
Et pour Fontainebleau, la somme de cinq livres dix sols.
    Une de neuf pouces, à raison de
Pour Paris, la somme de six livres.
Pour Verfailles, la somme de six livres.
Pour Marly, S. Germain & Meudon, la somme de six livres.
Et pour Fontainebleau, la somme de six livres.
    Une de dix pouces, à raison de
Pour Paris, la somme de sept livres dix sols.
Pour Verfailles, la somme de sept livres dix sols.
Pour Marly, S. Germain & Meudon, la somme de sept livres dix sols.
Et pour Fontainebleau, la somme de sept livres dix sols.
    Une d'onze pouces, à raison de
Pour Paris, la somme de huit livres dix sols.
Pour Verfailles, la somme de huit livres dix sols.
Pour Marly, S. Germain & Meudon, la somme de huit liv. dix sols.
Et pour Fontainebleau, la somme de huit livres dix sols.
    Une d'un pied, à raison de

Pour Paris, la somme de neuf livres dix sols.
Pour Versailles, la somme de neuf livres dix sols.
Pour Marly, S. Germain & Meudon, la somme de neuf l. dix sols.
Et pour Fontainebleau, la somme de neuf livres dix sols.

Une Serrure à bosse avec son verroüil garnie de vertevelle, à raison de
Pour Paris, la somme de quarante-cinq sols.
Pour Versailles, la somme de quarante-cinq sols.
Pour Marly, S. Germain & Meudon, la somme de quarante-cinq sols.
Et pour Fontainebleau, la somme de quarante-cinq sols.

Une Serrure à cadenas avec son moraillon, à raison de
Pour Paris, la somme de quatre livres.
Pour Versailles, la somme de quatre livres.
Pour Marly, S. Germain & Meudon, la somme de quatre livres.
Et pour Fontainebleau, la somme de quatre livres.

Une Serrure à pêne dormant en S, de six pouces de longueur, portant son demi tour, à raison de
Pour Paris, la somme de quatorze livres.
Pour Versailles, la somme de quatorze livres.
Pour Marly, S. Germain & Meudon, la somme de quatorze livres.
Et pour Fontainebleau, la somme de quatorze livres.

Une de sept pouces, à raison de
Pour Paris, la somme de quinze livres.
Pour Versailles, la somme de quinze livres.
Pour Marly, S. Germain & Meudon, la somme de quinze livres.
Et pour Fontainebleau, la somme de quinze livres.

Une de huit pouces, à raison de
Pour Paris, la somme de quinze livres.
Pour Versailles, la somme de quinze livres.
Pour Marly, S. Germain & Meudon, la somme de quinze livres.
Et pour Fontainebleau, la somme de quinze livres.

Une de neuf pouces, à raison de
Pour Paris, la somme de seize livres.
Pour Versailles, la somme de seize livres.
Pour Marly, S. Germain & Meudon, la somme de seize livres.
Et pour Fontainebleau, la somme de seize livres.

Une de dix pouces, à raison de
Pour Paris, la somme de seize livres.
Pour Versailles, la somme de seize livres.
Pour Marly, S. Germain & Meudon, la somme de seize livres.
Et pour Fontainebleau, la somme de seize livres.

Une Serrure à pêne fourchu de huit à neuf pouces, avec un demi-tour, forée dedans & dehors, & polie, à raison de
Pour Paris, la somme de vingt livres.
Pour Versailles, la somme de vingt livres.

Pour Marly, S. Germain & Meudon, la fomme de vingt livres.
Et pour Fontainebleau, la fomme de vingt livres.

Et fans demi-tour, à raifon de
Pour Paris, la fomme de feize livres.
Pour Verfailles, la fomme de feize livres.
Pour Marly, S. Germain & Meudon, la fomme de feize livres.
Et pour Fontainebleau, la fomme de feize livres.

Une defdites Serrures comme deffus, à pignon portant verroüil haut & bas, chacun de quatre pouces ou environ, garnies de leurs bazes & moulures, à raifon de
Pour Paris; la fomme de vingt-fept livres.
Pour Verfailles, la fomme de vingt-fept livres.
Pour Marly, S. Germain & Meudon, la fomme de vingt-fept livres.
Et pour Fontainebleau, la fomme de vingt-fept livres.

Une defdites Serrures comme deffus avec verroüils à pignon, & autres verroüils dans la gâche, à raifon de
Pour Paris, la fomme de trente-trois livres dix fols.
Pour Verfailles, la fomme de trente-trois livres dix fols.
Pour Marly, S. Germain & Meudon, la fomme de trente-trois l. dix f.
Et pour Fontainebleau, la fomme de trente-trois livres dix fols.

Une Serrure à deux entrées, de neuf pouces, avec paffe-par-tout & clef particuliere, le tout poli, à raifon de
Pour Paris, la fomme de vingt livres dix fols.
Pour Verfailles, la fomme de vingt livres dix fols.
Pour Marly, S. Germain & Meudon, la fomme de vingt liv. dix fols.
Et pour Fontainebleau, la fomme de vingt livres dix fols.

Les Loquets avec leurs battans, trampons & mantonnets.

Un Loquet poli avec un bouton & une boucle, à raifon de
Pour Paris, la fomme de quarante-deux fols.
Pour Verfailles, la fomme de quarante-deux fols.
Pour Marly, S. Germain & Meudon, la fomme de quarante-deux f.
Et pour Fontainebleau, la fomme de quarante-deux fols.

Un à main commun, à raifon de
Pour Paris, la fomme de vingt-cinq fols.
Pour Verfailles, la fomme de vingt-cinq fols.
Pour Marly, S. Germain & Meudon, la fomme de vingt-cinq fols.
Et pour Fontainebleau, la fomme de vingt-cinq fols.

Un à pouffié, à raifon de
Pour Paris, la fomme de vingt fols.
Pour Verfailles, la fomme de vingt fols.
Pour Marly, S. Germain & Meudon, la fomme de vingt fols.
Et pour Fontainebleau, la fomme de vingt fols.

Un à Serrure, à raifon de
Pour Paris, la fomme de cinquante fols.

Pour Verſailles, la ſomme de cinquante ſols.
Pour Marly, S. Germain & Meudon, la ſomme de cinquante ſols.
Et pour Fontainebleau, la ſomme de cinquante ſols.

Les Pantures avec leurs gonds & clous rivez.

Une de deux pieds, à raiſon de
Pour Paris, la ſomme de trente-cinq ſols.
Pour Verſailles, la ſomme de trente-cinq ſols.
Pour Marly, S. Germain & Meudon, la ſomme de trente-cinq ſols.
Et pour Fontainebleau, la ſomme de trente-cinq ſols.
Une de vingt pouces, à raiſon de
Pour Paris, la ſomme de trente ſols.
Pour Verſailles, la ſomme de trente ſols.
Pour Marly, S. Germain & Meudon, la ſomme de trente ſols.
Et pour Fontainebleau, la ſomme de trente ſols.
Une de dix-huit pouces, à raiſon de
Pour Paris, la ſomme de vingt-cinq ſols.
Pour Verſailles, la ſomme de vingt-cinq ſols.
Pour Marly, S. Germain & Meudon, la ſomme de vingt-cinq ſols.
Et pour Fontainebleau, la ſomme de vingt-cinq ſols.
Une de quinze pouces, à raiſon de
Pour Paris, la ſomme de vingt ſols.
Pour Verſailles, la ſomme de vingt ſols.
Pour Marly, S. Germain & Meudon, la ſomme de vingt ſols.
Et pour Fontainebleau, la ſomme de vingt ſols.
Une de douze pouces, à raiſon de
Pour Paris, la ſomme de dix-huit ſols.
Pour Verſailles, la ſomme de dix-huit ſols.
Pour Marly, S. Germain & Meudon, la ſomme de dix-huit ſols.
Et pour Fontainebleau, la ſomme de dix-huit ſols.
Une de huit pouces, à raiſon de
Pour Paris, la ſomme de quinze ſols.
Pour Verſailles, la ſomme de quinze ſols.
Pour Marly, S. Germain & Meudon, la ſomme de quinze ſols.
Et pour Fontainebleau, la ſomme de quinze ſols.

Pour celles qui ſeront au-deſſus de deux pieds ſeront peſées & payées à la livre,
à raiſon de ſept ſols chacune.

Une panture à croiſſant à fleuron, à raiſon de
Pour Paris, la ſomme de trente ſols.
Pour Verſailles, la ſomme de trente ſols.
Pour Marly, S. Germain & Meudon, la ſomme de trente ſols.
Et pour Fontainebleau, la ſomme de trente ſols.
Une en S, de ſix pouces, à raiſon de
Pour Paris, la ſomme de vingt ſols.

Pour Verſailles, la ſomme de vingt ſols.
Pour Marly, S. Germain & Meudon, la ſomme de vingt ſols.
Et pour Fontainebleau, la ſomme de vingt ſols.
    Une de ſept pouces, à raiſon de
Pour Paris, la ſomme de vingt-cinq ſols.
Pour Verſailles, la ſomme de vingt-cinq ſols.
Pour Marly, S. Germain & Meudon, la ſomme de vingt-cinq ſols.
Et pour Fontainebleau, la ſomme de vingt-cinq ſols.
    Une de huit pouces, à raiſon de
Pour Paris, la ſomme de vingt-ſix ſols.
Pour Verſailles, la ſomme de vingt-ſix ſols.
Pour Marly, S. Germain & Meudon, la ſomme de vingt-ſix ſols.
Et pour Fontainebleau, la ſomme de vingt-ſix ſols.
    Une de neuf pouces, à raiſon de
Pour Paris, la ſomme de trente ſols.
Pour Verſailles, la ſomme de trente ſols.
Pour Marly, S. Germain & Meudon, la ſomme de trente ſols.
Et pour Fontainebleau, la ſomme de trente ſols.
    Une de dix pouces, à raiſon de
Pour Paris, la ſomme de trente-cinq ſols.
Pour Verſailles, la ſomme de trente-cinq ſols.
Pour Marly, S. Germain & Meudon, la ſomme de trente-cinq ſols.
Et pour Fontainebleau, la ſomme de trente-cinq ſols.
    Une d'un pied, le tout avec leurs gonds, à raiſon de
Pour Paris, la ſomme de quarante ſols.
Pour Verſailles, la ſomme de quarante ſols.
Pour Marly, S. Germain & Meudon, la ſomme de quarante ſols.
Et pour Fontainebleau, la ſomme de quarante ſols.
    Un bouton poli à filets avec ſa roſette, à raiſon de
Pour Paris, la ſomme de quinze ſols.
Pour Verſailles, la ſomme de quinze ſols.
Pour Marly, S. Germain & Meudon, la ſomme de quinze ſols.
Et pour Fontainebleau, la ſomme de quinze ſols.
    Un bouton commun avec ſa roſette, à raiſon de
Pour Paris, la ſomme de quatorze ſols.
Pour Verſailles, la ſomme de quatorze ſols.
Pour Marly, S. Germain & Meudon, la ſomme de quatorze ſols.
Et pour Fontainebleau, la ſomme de quatorze ſols.

Les Couplets.

    Un de ſept à huit pouces, à raiſon de
Pour Paris, la ſomme de douze ſols.
Pour Verſailles, la ſomme de douze ſols.
Pour Marly, S. Germain & Meudon, la ſomme de douze ſols.
Et pour Fontainebleau, la ſomme de douze ſols.

Un de quatre pouces jufqu'à fix pouces , à raifon de
Pour Paris , la fomme de dix fols.
Pour Verfailles, la fomme de dix fols.
Pour Marly, S. Germain & Meudon , la fomme de dix fols.
Et pour Fontainebleau , la fomme de dix fols.

Les Crochets avec Pitons.

Un poli depuis quatre pouces jufqu'à fix pouces , à raifon de
Pour Paris, la fomme de dix fols.
Pour Verfailles, la fomme de dix fols.
Pour Marly , S. Germain & Meudon , la fomme de dix fols.
Et pour Fontainebleau , la fomme de dix fols.

Un commun de même pour les doubles châffis des croifées , à raifon de
Pour Paris , la fomme de fix fols.
Pour Verfailles, la fomme de fix fols.
Pour Marly, S. Germain & Meudon , la fomme de fix fols.
Et pour Fontainebleau , la fomme de fix fols.

Les clefs & paffe-par-tout qu'il faudra fournir aux vieilles Serrures.

Une forée ou benardée, pour une ferrure ordinaire , à raifon de
Pour Paris, la fomme de dix-huit fols.
Pour Verfailles , la fomme de dix-huit fols.
Pour Marly, S. Germain & Meudon, la fomme de dix-huit fols.
Et pour Fontainebleau, la fomme de dix-huit fols.

Une pour une grande Serrure à porte cochere, à raifon de
Pour Paris, la fomme de quarante fols.
Pour Verfailles, la fomme de quarante fols.
Pour Marly, S. Germain & Meudon , la fomme de quarante fols.
Et pour Fontainebleau, la fomme de quarante fols.

Une de cadenas , à raifon de
Pour Paris , la fomme de quinze fols.
Pour Verfailles , la fomme de quinze fols.
Pour Marly, S. Germain & Meudon , la fomme de quinze fols.
Et pour Fontainebleau , la fomme de quinze fols.

Une en S d'armoire , à raifon de
Pour Paris, la fomme de trente fols.
Pour Verfailles, la fomme de trente fols.
Pour Marly, S. Germain & Meudon, la fomme de trente fols.
Et pour Fontainebleau , la fomme de trente fols.

Les Gâches.

Une encloifonnée polie de toute hauteur, à raifon de
Pour Paris , la fomme de vingt-cinq fols.
Pour Verfailles , la fomme de vingt-cinq fols.

Pour Marly, S. Germain & Meudon, la somme de vingt-cinq sols.
Et pour Fontainebleau, la somme de vingt-cinq sols.
Une pouffée au carreau, à raison de
Pour Paris, la somme de vingt sols.
Pour Verfailles, la somme de vingt sols.
Pour Marly, S. Germain & Meudon, la somme de vingt sols.
Et pour Fontainebleau, la somme de vingt sols.
Une en plâtre ou en bois, à raison de
Pour Paris, la somme de dix sols.
Pour Verfailles, la somme de dix sols.
Pour Marly, S. Germain & Meudon, la somme de dix sols.
Et pour Fontainebleau, la somme de dix sols.

Les entrées des Serrures.

Une polie à l'ordinaire, à raison de
Pour Paris, la somme de six sols.
Pour Verfailles, la somme de six sols.
Pour Marly, S. Germain & Meudon, la somme de six sols.
Et pour Fontainebleau, la somme de six sols.
Une de relief, à raison de
Pour Paris, la somme de vingt sols.
Pour Verfailles, la somme de vingt sols.
Pour Marly, S. Germain & Meudon, la somme de vingt sols.
Et pour Fontainebleau, la somme de vingt sols.
Une commune, à raison de
Pour Paris, la somme de cinq sols.
Pour Verfailles, la somme de cinq sols.
Pour Marly, S. Germain & Meudon, la somme de cinq sols.
Et pour Fontainebleau, la somme de cinq sols.
Pour regarnir une ferrure, la dépofer & repofer, à raison de
Pour Paris, la somme de dix-huit sols.
Pour Verfailles, la somme de dix-huit sols.
Pour Marly, S. Germain & Meudon, la somme de dix-huit sols.
Et pour Fontainebleau, la somme de dix-huit sols.
Une vis pour attacher une ferrure à écrou ou en bois, à raison de
Pour Paris, la somme de trois sols.
Pour Verfailles, la somme de trois sols.
Pour Marly, S. Germain & Meudon, la somme de trois sols.
Et pour Fontainebleau, la somme de trois sols.
Une vis en bois de deux pouces, à raison de
Pour Paris, la somme de deux sols.
Pour Verfailles, la somme de deux sols.
Pour Marly, S Germain & Meudon, la somme de deux sols.
Et pour Fontainebleau, la somme de deux sols.
Une vis de deux pouces & demi jusqu'à trois, à raison de

Pour Paris, la fomme de trois fols.

Pour Verfailles, la fomme de trois fols.

Pour Marly, S. Germain & Meudon, la fomme de trois fols.

Et pour Fontainebleau, la fomme de trois fols.

Une de trois pouces & demi jufqu'à quatre pouces, à raifon de

Pour Paris, la fomme de quatre fols.

Pour Verfailles, la fomme de quatre fols.

Pour Marly, S. Germain & Meudon, la fomme de quatre fols.

Et pour Fontainebleau, la fomme de quatre fols.

Une de quatre pouces & demi jufqu'à cinq pouces, à raifon de

Pour Paris, la fomme de cinq fols.

Pour Verfailles, la fomme de cinq fols.

Pour Marly, S. Germain & Meudon, la fomme de cinq fols.

Et pour Fontainebleau, la fomme de cinq fols.

Une de cinq pouces & demi jufqu'à fix pouces, à raifon de

Pour Paris, la fomme de cinq fols.

Pour Verfailles, la fomme de cinq fols.

Pour Marly, S. Germain & Meudon, la fomme de cinq fols.

Et pour Fontainebleau, la fomme de cinq fols.

Une targette ou loĉteau à croiffant commune pour les croifées & les crampons étamées, à raifon de

Pour Paris, la fomme de huit fols.

Pour Verfailles, la fomme de huit fols.

Pour Marly, S. Germain & Meudon, la fomme de huit fols.

Et pour Fontainebleau, la fomme de huit fols.

Une targette ou verroüil commun pour mettre derriere les portes avec leurs crampons, à raifon de

Pour Paris, la fomme de dix fols.

Pour Verfailles, la fomme de dix fols.

Pour Marly, S. Germain & Meudon, la fomme de dix fols.

Et pour Fontainebleau, la fomme de dix fols.

Pour le cent pefant de Contre-cœurs, à raifon de

Pour Paris, la fomme de douze livres dix fols.

Pour Verfailles, la fomme de douze livres dix fols.

Pour Marly, S. Germain & Meudon, la fomme de douze liv. dix fols.

Et pour Fontainebleau, la fomme de douze livres dix fols.

Les Verroüils communs.

Un de fix pouces, à raifon de

Pour Paris, la fomme de dix-huit fols.

Pour Verfailles, la fomme de dix-huit fols.

Pour Marly, S. Germain & Meudon, la fomme de dix-huit fols.

Et pour Fontainebleau, la fomme de dix-huit fols.

Un de cinq pouces, à raifon de

Pour Paris, la fomme de douze fols.

Pour Verfailles, la fomme de douze fols.

Pour Marly, S. Germain & Meudon, la fomme de douze fols.

Et pour Fontainebleau, la fomme de douze fols.

Un de quatre pouces, à raifon de

Pour Paris, la fomme de dix fols.

Pour Verfailles, la fomme de dix fols.

Pour Marly, S. Germain & Meudon, la fomme de dix fols.

Et pour Fontainebleau, la fomme de dix fols.

Une efpagnolette de fix pieds de longueur, de huit à neuf lignes de groffeur, garnie de deux mouvemens, cinq conduits, baze & moulure, une poignée à agraphe, & toute fa garniture, le tout poli, à raifon de

Pour Paris, la fomme de vingt livres.

Pour Verfailles, la fomme de vingt livres.

Pour Marly, S. Germain & Meudon, la fomme de vingt livres.

Et pour Fontainebleau, la fomme de vingt livres.

Celles de fept pieds & demi, à raifon de

Pour Paris, la fomme de vingt-quatre livres.

Pour Verfailles, la fomme de vingt-quatre livres.

Pour Marly, S. Germain & Meudon, la fomme de vingt-quatre liv.

Et pour Fontainebleau, la fomme de vingt-quatre livres.

Celles de neuf pieds avec trois mouvemens, à raifon de

Pour Paris, la fomme de vingt-fix livres.

Pour Verfailles, la fomme de vingt-fix livres.

Pour Marly, S. Germain & Meudon, la fomme de vingt-fix livres.

Et pour Fontainebleau, la fomme de vingt-fix livres.

Celles pour les Croifées de dix à onze pieds de hauteur, garnies de quatre mouvemens, à raifon de

Pour Paris, la fomme de trente-trois livres.

Pour Verfailles, la fomme de trente-trois livres.

Pour Marly, S. Germain & Meudon, la fomme de trente-trois livres.

Et pour Fontainebleau, la fomme de trente-trois livres.

Celles pour les Portes croifées de menuë façon, avec un verroüil par bas, à raifon de

Pour Paris, la fomme de trente-huit livres.

Pour Verfailles, la fomme de trente-huit livres.

Pour Marly, S. Germain & Meudon, la fomme de trente-huit livres.

Et pour Fontainebleau, la fomme de trente-huit livres.

A PARIS,

De l'Imprimerie de Jacques Collombat Imprimeur ordinaire du Roy,
du Cabinet, Maison, & Bâtimens de Sa Majesté. 1722.

DEVIS,

CONDITIONS, PRIX

ET ADJUDICATIONS

Des Ouvrages de Marbres & Pierres de Liais , pour les
Bâtimens du Roy , & Maisons Royales , tant à Paris ,
Versailles, Marly, Meudon , que S. Germain en Laye ,
& Fontainebleau , & autres Bâtimens en dépendans ;
dressé , suivant les ordres de Monseigneur LE DUC
D'ANTIN, Pair de France , &c. Surintendant & Ordonnateur general des Bâtimens, Jardins, Arts & Manufactures de Sa Majesté, par Monsieur DE COTTE, Chevalier de l'Ordre de Saint Michel , Conseiller du Roy,
premier Architecte & Intendant desdits Bâtimens de Sa
Majesté.

PREMIEREMENT.

Eront faits les Piedestaux dans les Jardins & Appartemens, Bancs , Tables , Bordures de Bassins , Revêtemens, Tablettes , Socles , Nappes de Cascades,
Chambranles de Cheminées droits , cintrez, bombez
ou à oreilles , avec leurs Tablettes & Revêtemens ,
autres Chambranles de Portes & Croisées , le tout
avec leurs ornemens d'Architectures , pavez de Pierres de Liais à huit
pans, remplis de petits pavez de Marbres noir ou de Pierres de Camp
& Pierres de Liais , pour porter les Foyers de Marbres.

✶ H

Les Marbres de toutes fortes de qualitez feront fournis par le Roy, & pris dans fes Magafins. L'Entrepreneur les fera fcier & debiter à fes dépens, pour être enfuite travaillez & taillez tres proprement. Les Architectures qui feront pouffées dans les Marbres feront à vives arrêtes, & conformement aux profils qui en feront donnez, le tout poli proprement, & voiturées par l'Entrepreneur dans les endroits marquez, & enfuite pofez, obfervant que les joints des lits & les joints montans foient les plus petits que faire fe pourra, & feront faits les encaftremens, entailles & trous neceffaires dans les Marbres pour les fcellemens des Crampons, Pattes, & Goujons.

Les Pierres de Liais qui feront employées pour les Pierres au deffous des Foyers & pour les Pavez de Liais, feront fournies par l'Entrepreneur, & proviendront des Carrieres du Fauxbourg S. Germain ou autres endroits, fans fils ni moyes, & ébouzinées jufqu'au vif & dur defdites Pierres; lefdits Pavez taillez à huit pans, de neuf, dix, onze, à douze pouces quarrez, d'un pouce à quinze lignes d'épaiffeur, écarris par les joints & pofez en plâtre ; obfervant comme deffus, que les joints foient les plus petits que faire fe pourra, remplis enfuite dans les pans de petit Pavé de Pierres de Camp, qui feront fournies par l'Entrepreneur, ou de petits Pavez de Marbres qui feront fournis par le Roy ou par l'Entrepreneur.

Les Pierres de Liais pour porter les Foyers de Marbres, feront d'un pouce & demi à deux pouces d'épaiffeur, fuivant la longueur & largeur des Foyers.

Tous lefquels Ouvrages feront bien & dûement faits, fuivant l'Art. L'Entrepreneur fera les fciages des Marbres, fournira Plâtres, Maftics, peines d'Ouvriers, utenfiles, voitures pour porter les Marbres dans les endroits deftinez, & toutes chofes generalement quelconques neceffaires pour rendre les Ouvrages dans leur entiere perfection, à l'exception des Marbres qui feront fournis par le Roy, & toifez aux Uz & Coutumes de Paris, moyennant les prix & fommes cy-après declarez, & pour lefquels lefdits Ouvrages leur feront adjugez par l'adjudication qui en fera faite au rabais à l'extinction des feux, en la maniere accoutumée ; & lefquels prix leur feront payez des fonds à ce deftinez par Sa Majefté ; à la charge par lefdits Entrepreneurs de donner bonne & fuffifante Caution & Certificateur de leur entreprife, conformement à la Declaration du Roy du 7 Juin 1708, fuivant laquelle la reception defdits Ouvrages fera faite.

Le prefent DEVIS a été dreffé par Nous Robert DE COTTE, Chevalier de S. Michel, Confeiller du Roy & fon premier Architecte, Intendant general des Bâtimens de Sa Majefté, en prefence de Treshaut & puiffant Seigneur Louis-Antoine DE PARDAILLAN DE GONDRIN, Chevalier des Ordres du Roy, Duc d'Antin, de Mon-

tefpan & de Gondrin, Seigneur des Duchez de Bellegarde & d'Eper-
non, Confeiller du Roy en fes Confeils, Lieutenant General de fes
Armées, Gouverneur d'Orleans & Pays Orleanois, Lieutenant Gene-
ral pour le Roy de la haute & baffe Alface, &c. Directeur general des
Bâtimens, Jardins, Arts & Manufactures de Sa Majefté; de Jacques-
Charles Billaudel Confeiller du Roy, Intendant general de fes Bâti-
mens; de Jacques Gabriel, Armand-Claude Mollet, & Garnier Difle
Confeillers du Roy, Controlleurs Generaux des Bâtimens de S. M.

Lequel Devis, Nous Directeur general des Bâtimens, Jardins, Arts
& Manufactures du Roy, ordonnons être publié & affiché aux
portes & endroits du Louvre, Palais des Tuilleries & autres Maifons
Royales à Paris; aux Portes & endroits du Château, & Hôtel des
Bâtimens à Verfailles; aux portes & endroits des Châteaux de Marly,
Meudon, S. Germain, Fontainebleau & dépendances, & aux autres
endroits & Places publiques de Paris, Verfailles, Marly, Meudon, S.
Germain, & Fontainebleau; à ce que ceux qui voudront entreprendre de faire lefdits Ouvrages de Marbres & Pierres de Liais, aux
claufes & conditions portées audit Devis, ayent à fe trouver audit
Hôtel des Bâtimens, le
dix heures du matin, où leurs offres feront reçûës, & lefdits Ouvrages adjugez au moins difant, à l'extinction des feux en la maniere
accoutumée, conformement à ladite Declaration du Roy du 7. Juin
1708. & dont l'Entrepreneur fera fa foumiffion. Fait à Verfailles
le   Signé, D'ANTIN DE GONDRIN, DE COTTE,
BILLAUDEL, GABRIEL, MOLLET, ET DISLE.

DE PAR LE ROY.

PAR Adjudication faite au rabais au moins offrant & dernier
Encheriffeur, à l'extinction des feux, en la maniere accoutumée,
conformement à la Declaration du Roy du 7. Juin 1708. en l'Hôtel
des Bâtimens du Roy à Verfailles.

Par Tres-haut & puiffant Seigneur Meffire Loüis-Antoine de Par-
daillan de Gondrin, Chevalier des Ordres du Roy, Duc d'Antin, de
Montefpan, & de Gondrin, Seigneur des Duchez de Bellegarde &
d'Epernon, Baron d'Oyron, Comte de Murat, & autres Terres, &c.
Confeiller du Roy en fes Confeils, Lieutenant General des Armées de
Sa Majefté, Gouverneur d'Orleans & Pays Orleanois, Lieutenant
General de la haute & baffe Alface, &c. Directeur General des Bâti-
mens du Roy, Arts & Manufactures de France.

En la prefence de Robert de Cotte, Chevalier de S. Michel, Confeiller & premier Architecte du Roy, Intendant General des Bâtimens de Sa Majefté.

De Jacques-Charles Billaudel, auffi Confeiller du Roy, Intendant
General de fes Bâtimens.

De Jacques Gabriel, Armand-Claude Mollet, & Garnier Difle,

✶ H ij

Conseillers du Roy, Controlleurs Generaux desdits Bâtimens de Sa Majesté.

dix heures du matin, des Ouvrages de Marbres & Pierres de Liais, pour les reparations & changemens qu'il conviendra faire dans les Bâtimens du Roy à Paris, Versailles, Marly, Meudon, S. Germain, Fontainebleau, & Bâtimens en dépendans.

Appert lesdits Ouvrages de Marbres & Pierres de Liais, pour les endroits ci-devant désignez, avoir été adjugez

comme moins offrant & dernier Encherisseur, sur les ordres dudit Seigneur Duc d'Antin, des qualitez & façons ci-dessus, ainsi & de la maniere qu'ils font expliquez au Devis ci-devant écrit, pour le temps & espace de   années entieres & consecutives,

à la charge par l   Entrepreneur   , de bien & duëment faire & parfaire tous lesdits Ouvrages, en tel nombre, quantité & qualité qui feront necessaires, suivant l'Art; & de faire lesdits Ouvrages aux lieux & endroits qui leur feront indiquez par les Contrôleurs desdits Bâtimens; comme aussi à la charge de fournir de tous équipages, échafaudages, peines d'Ouvriers, & tout ce qui conviendra pour l'entiere perfection desdits Ouvrages, dont la reception sera faite conformement à la susdite Declaration du Roy, & ce moyennant les prix cy-après expliquez.

SCAVOIR,

Pour chacun pied de superficie de tailles de paremens unis & d'Architecture,

Pour Paris, la somme de deux livres.

Pour Versailles, la somme de deux livres cinq sols.

Pour Marly, S. Germain & Meudon, la somme de deux livres cinq sols.

Et pour Fontainebleau, la somme de deux livres cinq sols.

Pour chacun pied de superficie de tailles de paremens unis, cintrez & d'Architectures, aussi cintrez, avec Consolles sur les angles,

Pour Paris, la somme de trois livres.

Pour Versailles, la somme de trois livres.

Pour Marly, S. Germain & Meudon, la somme de trois livres.

Et pour Fontainebleau, la somme de trois livres.

Pour chacune toise de Pavez de Pierres de Liais, taillez à huit pans, y compris le petit Pavé de Pierres de Camp, le tout fourni par l'Entrepreneur,

Pour Paris, la somme de trente-cinq livres.

Pour Versailles, la somme de quarante livres.

Pour Marly, S. Germain & Meudon, la somme de quarante livres.
Et pour Fontainebleau, la somme de quarante livres.

Pour chacune toise de pareils Pavez de pierres de Liais, taillez à huit pans fournis par l'Entrepreneur, & remplis de petits Pavez de Marbres noirs dans les pans, taillez par ledit Entrepreneur & fournis par le Roy,

Pour Paris, la somme de quarante livres.
Pour Versailles, la somme de quarante-cinq livres.
Pour Marly, S. Germain & Meudon, la somme de quarante-cinq liv.
Et pour Fontainebleau, la somme de quarante-cinq livres.

Pour chacune toise de pareils Pavez de Liais, remplis de petits Pavez de Marbres noirs dans les pans, le tout fourni par l'Entrepreneur,

Pour Paris, la somme de quarante-cinq livres.
Pour Versailles, la somme de cinquante livres.
Pour Marly, S. Germain & Meudon, la somme de cinquante liv.
Et pour Fontainebleau, la somme de cinquante livres.

Pour chacune toise de pareils Pavez vieux déposez & reposez,
Pour Paris, la somme de neuf livres.
Pour Versailles, la somme de dix livres.
Pour Marly, S. Germain & Meudon, la somme de dix livres.
Et pour Fontainebleau, la somme de dix livres.

Pour chacune toise superficielle de Pavez de Marbres blancs & noirs, de dix à douze pouces quarrez, de neuf lignes d'épaisseur avec bandes de Marbre noir au pourtour des murs, le tout fourni par l'Entrepreneur dans les Maisons Royales,

Pour Paris, la somme de cent cinquante livres.
Pour Versailles, la somme de cent cinquante-cinq livres.
Pour Marly, S. Germain & Meudon, la somme de cent cinquante-cinq livres.
Et pour Fontainebleau, la somme de cent cinquante-cinq livres.

Pour chacune toise superficielle de pareils Pavez, les Carreaux blancs fournis par l'Entrepreneur, & ceux de couleurs pour faire les Carreaux & Bandes fournies par le Roy ; le tout debité, écarri, poli & posé proprement,

Pour Paris, la somme de cent quarante livres.
Pour Versailles, la somme de cent quarante-cinq livres.
Pour Marly, S. Germain & Meudon, la somme de cent quarante-cinq livres.
Et pour Fontainebleau, la somme de cent quarante-cinq livres.

Pour chacune toise superficielle de pareil Pavé, dont les Marbres seront fournis par le Roy,

Pour Paris, la somme de quarante-cinq livres.
Pour Versailles, la somme de quarante-huit livres.
Pour Marly, S. Germain & Meudon, la somme de quarante-huit liv.

Et pour Fontainebleau, la fomme de quarante-huit livres.

Pour chacune toife de Pavez de Marbres blancs & noirs vieux, dépofez & repofez,

Pour Paris, la fomme de onze livres.

Pour Verfailles, la fomme de douze livres.

Pour Marly, S. Germain & Meudon, la fomme de douze livres.

Et pour Fontainebleau, la fomme de douze livres.

Pour chacune toife fuperficielle de fournitures & façons de Pierres de Liais, pour porter les Foyers des Chambranles de Cheminées de Marbres,

Pour Paris, la fomme de vingt-quatre livres.

Pour Verfailles, la fomme de vingt-quatre livres.

Pour Marly, S. Germain & Meudon, la fomme de vingt-quatre liv.

Et pour Fontainebleau, la fomme de vingt-quatre livres.

Pour chacun pied de fciage de Marbres de toutes fortes de qualitez, pour les Tranches qui demeureront dans les Magafins du Roy, & pour les deffous de Tables & Bancs qui ne feront pas polis,

Pour Paris, la fomme de vingt-cinq fols.

Pour Verfailles, la fomme de vingt-cinq fols.

Pour Marly, S. Germain & Meudon, la fomme de vingt-cinq fols.

Et pour Fontainebleau, la fomme de vingt-cinq fols.

Pour chacun pied de fuperficie de tailles cintrées fur le plan & fur l'élevation pour les Cheminées particulieres, dont fera fait modéle, avec Confolles, Enroullemens, Canaux, Flutes, Bazes & Tablettes chantournées, compris Foyers, Revêtemens, Corps, arriere-Corps, & l'Architecture,

Pour Paris, la fomme de fix livres.

Pour Verfailles, la fomme de fix livres.

Pour Marly, S. Germain & Meudon, la fomme de fix livres.

Et pour Fontainebleau, la fomme de fix livres.

A PARIS,

De l'Imprimerie de JACQUES COLLOMBAT Imprimeur ordinaire du Roy,
du Cabinet, Maison, & Bâtimens de Sa Majesté. 1722.

DEVIS,
CONDITIONS, PRIX
ET ADJUDICATIONS

Des Ouvrages de Vîtrerie qu'il conviendra faire aux Bâtimens du Roy , & Maiſons Royales , tant à Paris ,
Verſailles, Marly, Meudon, que S. Germain en Laye,
& Fontainebleau , & autres Bâtimens en dépendans ;
dreſſé, ſuivant les ordres de Monſeigneur LE DUC
D'ANTIN, Pair de France , &c. Surintendant & Ordonnateur general des Bâtimens, Jardins, Arts & Manufactures de Sa Majeſté, par Monſieur DE COTTE, Chevalier de l'Ordre de Saint Michel, Conſeiller du Roy,
premier Architecte & Intendant deſdits Bâtimens de Sa
Majeſté.

PREMIEREMENT.

LES Verres, tant communs que blancs , qui ſeront
employez, ſeront des beaux Verres de France, clairs,
nets, ſans boüillons ni boudines.

Les Plombs qui ſeront employez pour les aſſemblages des Panneaux, auront au moins cinq lignes de
largeur à cœur fort, bien aſſemblez, ſuivant les formes deſdits Panneaux, ſoudez en tous leurs aſſemblages, & garnis de liens & d'attaches ſuffiſantes pour les retenir aux Verges des Vîtres.

Les autres Plombs qui ſeront employez au pourtour des Carreaux
des Châſſis, ſeront de trois à quatre lignes de largeur.

* I

Les Verges de fer qui feront employées aufdits Panneaux, feront d'un fer doux de quatre à cinq lignes de large fur deux lignes d'épaiffeur, avec pattes à chaque bout pour les attacher avec pointes, & feront lefdites Verges des longueurs neceffaires & convenables aufdits Panneaux, fournies par les Vitriers.

Les Carreaux de Verres de France ou de Verres blancs, qui feront employez aux Châffis, foit en plomb ou en papier, feront des grandeurs neceffaires, proprement pofez avec quatre pointes.

Les Panneaux de Verres feront des qualitez expliquées ci-deffus, & des façons qui feront reglées, foit en pie.es quarrées, bornes ou lozanges, proprement mis en mefures, & attachez dans les feüillûres des Châffis à Verre, avec pointes au droit de toutes les traverfes des affemblages des plombs defdits Panneaux.

Les Panneaux des Verres qui feront remis en plomb, feront auffi faits des façons expliquées ci-deffus, garnis de liens, attaches & pointes, & fera mis des pieces neuves à la place de celles qui fe trouveront caffées.

Les Panneaux qui feront relevez pour les relaver & nettoyer, feront reffoudez & repofez en place avec les liens de plomb neufs où il en manquera.

Les doubles Châffis pour fervir aux Orangeries & autres lieux, feront de papier colé & huilé des deux côtez, & bien tendus.

Tous lefquels Ouvrages feront bien & dûëment faits, fuivant l'Art. L'Entrepreneur fournira Verres, plombs, colles, pointes, papier, huiles, peines d'Ouvriers, & toutes chofes generalement quelconques pour rendre lefdits Ouvrages dans leur derniere perfection, moyennant les prix cy-après declarez, & pour lefquels lefdits Ouvrages leur feront adjugez par l'adjudication qui en fera faite au rabais à l'extinction des feux, en la maniere accoutumée; & lefquels prix leur feront payez des fonds à ce deftinez par Sa Majefté; à la charge par lefdits Entrepreneurs de donner bonne & fuffifante Caution & Certificateur de leur entreprife, conformement à la Declaration du Roy du 7 Juin 1708, fuivant laquelle la reception defdits Ouvrages fera faite.

Le prefent DEVIS a été dreffé par Nous Robert DE COTTE, Chevalier de S. Michel, Confeiller du Roy & fon premier Architecte, Intendant general des Bâtimens de Sa Majefté, en prefence de Treshaut & puiffant Seigneur Louis-Antoine DE PARDAILLAN DE GONDRIN, Chevalier des Ordres du Roy, Duc d'Antin, de Montefpan & de Gondrin, Seigneur des Duchez de Bellegarde & d'Epernon, Confeiller du Roy en fes Confeils, Lieutenant General de fes Armées, Gouverneur d'Orleans & Pays Orleanois, Lieutenant General pour le Roy de la haute & baffe Alface, &c. Surintendant & Ordonnateur general des Bâtimens, Jardins, Arts & Manufactures de Sa Majefté; de Jacques-Charles Billaudel Confeiller du Roy, Intendant general de ſes Bâtimens ; de Jacques Gabriel, Armand-Claude Mollet, & Garnier Diſle Conſeillers du Roy, Controlleurs Generaux des Bâtimens de S. M.

Lequel DEVIS, Nous Surintendant & Ordonnateur general des Bâtimens, Jardins, Arts & Manufactures du Roy, ordonnons être publié & affiché aux portes & endroits du Louvre, Palais des Tuilleries & autres Maiſons Royales à Paris ; aux Portes & endroits du Château, & Hôtel des Bâtimens à Verſailles ; aux portes & endroits des Châteaux de Marly, Meudon, S. Germain, Fontainebleau & dépendances, & aux autres endroits & Places publiques de Paris, Verſailles, Marly, Meudon, S. Germain, & Fontainebleau ; à ce que ceux qui voudront entreprendre de faire leſdits Ouvrages de Vitrerie, aux clauſes & conditions portées audit Devis, ayent à ſe trouver audit Hôtel des Bâtimens, le   dix heures du matin, où leurs offres feront reçûës, & leſdits Ouvrages adjugez au moins diſant, à l'extinction des feux en la maniere accoutumée, conformement à ladite Declaration du Roy du 7. Juin 1708. & dont l'Entrepreneur fera ſa ſoumiſſion. Fait à Verſailles le

Signé, D'ANTIN DE GONDRIN, DE COTTE, BILLAUDEL, GABRIEL, MOLLET, ET DISLE.

DE PAR LE ROY.

PAR Adjudication faite au rabais au moins offrant & dernier Encheriſſeur, à l'extinction des feux, en la maniere accoutumée, conformement à la Declaration du Roy du 7. Juin 1708. en l'Hôtel des Bâtimens du Roy à Verſailles.

Par Tres-haut & puiſſant Seigneur Meſſire Loüis-Antoine de Pardaillan de Gondrin, Chevalier des Ordres du Roy, Duc d'Antin, de Monteſpan, & de Gondrin, Seigneur des Duchez de Bellegarde & d'Epernon, Baron d'Oyron, Comte de Murat, & autres Terres, &c. Conſeiller du Roy en ſes Conſeils, Lieutenant General des Armées de Sa Majeſté, Gouverneur d'Orleans & Pays Orleanois, Lieutenant General de la haute & baſſe Alſace, &c. Surintendant & Ordonnateur general des Bâtimens du Roy, Arts & Manufactures de France.

En la preſence de Robert de Cotte, Chevalier de S. Michel, Conſeiller & premier Architecte du Roy, Intendant General des Bâtimens de Sa Majeſté.

De Jacques-Charles Billaudel, auſſi Conſeiller du Roy, Intendant General de ſes Bâtimens.

De Jacques Gabriel, Armand-Claude Mollet, & Garnier Diſle, Conſeillers du Roy, Controlleurs Generaux deſdits Bâtimens de Sa Majeſté.

dix heures du matin, des Ouvrages de Vitrerie, pour les reparations & changemens qu'il conviendra faire dans les Bâtimens du Roy à Paris, Verſailles,

✻ I ij

Marly, Meudon, S. Germain, Fontainebleau, & Bâtimens en dépendans.

APPERT lefdits Ouvrages de Vitrerie, pour les endroits ci-devant
défignez, avoir été adjugez

comme moins offrant & dernier Encheriffeur, fur les ordres dudit
Seigneur Duc d'Antin, des qualitez & façons ci-deffus, ainfi
& de la maniere qu'ils font expliquez au Devis ci-devant écrit, pour
le temps & efpace de   années entieres & confecutives,
                                        à la charge par
l   Entrepreneur   , de bien & duëment faire & parfaire
tous lefdits Ouvrages, en tel nombre, quantité & qualité qui feront neceffaires, fuivant l'Art ; & de faire lefdits Ouvrages aux
lieux & endroits qui leur feront indiquez par les Contrôleurs defdits
Bâtimens ; comme auffi à la charge de fournir de tous équipages,
échafaudages, peines d'Ouvriers, & tout ce qui conviendra pour
l'entiere perfection defdits Ouvrages, dont la reception fera faite
conformement à la fuldite Declaration du Roy, & ce moyennant les
prix cy-après expliquez.

SCAVOIR,

Pour chacun pied de fuperficie des Carreaux de tous les Verres de
France communs, des qualitez & façons expliquées ci-deffus, jufqu'à
douze pouces quarrez, pofez & attachez en place avec les pointes
neceffaires, foit en plomb ou en papier,
Pour Paris, la fomme de treize fols.
Pour Verfailles, la fomme de treize fols.
Pour Marly, S. Germain & Meudon, la fomme de treize fols.
Et pour Fontainebleau, la fomme de treize fols.
Pour chacun pied de fuperficie des Carreaux qui excederont douze
pouces quarrez,
Pour Paris, la fomme de treize fols.
Pour Verfailles, la fomme de treize fols.
Pour Marly, S. Germain & Meudon, la fomme de treize fols.
Et pour Fontainebleau, la fomme de treize fols.
Pour chacun pied de Carreaux de Verres blancs, jufqu'à un pied
quarré, pofez & attachez comme deffus,
Pour Paris, la fomme de deux livres cinq fols.
Pour Verfailles, la fomme de deux livres cinq fols.
Pour Marly, S. Germain & Meudon, la fomme de deux liv. cinq fols.
Et pour Fontainebleau, la fomme de deux livres cinq fols.
Pour chacun pied de fuperficie de Carreaux de pareils Verres
blancs qui excederont douze pouces quarrez,

Pour Paris, la fomme de deux livres cinq fols.

Pour Verfailles, la fomme de deux livres cinq fols.

Pour Marly, S. Germain & Meudon, la fomme de deux liv. cinq fols.

Et pour Fontainebleau, la fomme de deux livres cinq fols.

Tous les Carreaux de Verres blancs ou communs qui feront mis à la place de ceux qui feront caffez, feront paffez au même prix que ci-deffus.

Pour chacun pied de Panneaux remis en plomb,

Pour Paris, la fomme de fix fols.

Pour Verfailles, la fomme de fix fols.

Pour Marly, S. Germain & Meudon, la fomme de fix fols.

Et pour Fontainebleau, la fomme de fix fols.

Pour chacun pied de Verges de Vîtres,

Pour Paris, la fomme de trois fols.

Pour Verfailles, la fomme de trois fols.

Pour Marly, S. Germain & Meudon, la fomme de trois fols.

Et pour Fontainebleau, la fomme de trois fols.

Pour chacune piece commune & autres qui conviendront à mettre aufdits Panneaux à la place de celles qui feront caffées,

Pour Paris, la fomme d'un fol trois deniers.

Pour Verfailles, la fomme d'un fol trois deniers.

Pour Marly, S. Germain & Meudon, la fomme d'un fol trois den.

Et pour Fontainebleau, la fomme d'un fol trois deniers.

Pour chacun Panneaux, tant grand que petit, relevé, reffoudé, nettoyé & remis en place, & fournir les liens neceffaires,

Pour Paris, la fomme de quatre fols.

Pour Verfailles, la fomme de quatre fols.

Pour Marly, S. Germain & Meudon, la fomme de quatre fols.

Et pour Fontainebleau, la fomme de quatre fols.

Pour chacun Carreau levé, nettoyé, collé & contre-collé,

Pour Paris, la fomme d'un fol fix deniers.

Pour Verfailles, la fomme d'un fol fix deniers.

Pour Marly, S. Germain & Meudon, la fomme d'un fol fix deniers.

Et pour Fontainebleau, la fomme d'un fol fix deniers.

Pour chacun Carreau levé, nettoyé & collé,

Pour Paris, la fomme d'un fol trois deniers.

Pour Verfailles, la fomme d'un fol trois deniers.

Pour Marly, S. Germain & Meudon, la fomme d'un fol trois den.

Et pour Fontainebleau, la fomme d'un fol trois deniers.

Pour chacun Carreau nettoyé en place & contre-collé,

Pour Paris, la fomme d'un fol.

Pour Verfailles, la fomme d'un fol.

Pour Marly, S. Germain & Meudon, la fomme d'un fol.

Et pour Fontainebleau, la fomme d'un fol.

Pour chacun Carreau nettoyé en place, fans être collé ni contre-collé,

Pour Paris, la fomme de fix deniers.

Pour Verfailles, la fomme de fix deniers.

Pour Marly, S. Germain & Meudon, la fomme de fix deniers.

Et pour Fontainebleau, la fomme de fix deniers.

Pour les Carreaux qui font en papier & que l'on veut remettre en plomb, jufqu'à douze pouces en quarré,

Pour Paris, la fomme d'un fol trois deniers.

Pour Verfailles, la fomme d'un fol trois deniers.

Pour Marly, S. Germain & Meudon, la fomme d'un fol trois den.

Et pour Fontainebleau, la fomme d'un fol trois deniers.

Et ceux qui excederont douze pouces, à proportion.

Pour Paris, la fomme de

Pour Verfailles, Marly, S. Germain & Meudon, la fomme de

Et pour Fontainebleau, la fomme de

Pour chacune livre de maftic pour maroufler les Vitreaux de la Chapelle, les Carreaux du comble du grand Efcalier de Verfailles & autres endroits, y compris l'employ,

Pour Paris, la fomme de une livre cinq fols.

Pour Verfailles, la fomme de une livre cinq fols.

Pour Marly, S. Germain & Meudon, la fomme de une livre cinq fols.

Et pour Fontainebleau, la fomme de une livre cinq fols.

Pour chacun des doubles Châffis des grands Appartemens des aîles du Château de Verfailles, à dépofer au Printemps, les porter au Magafin, les nettoyer & contre-coller, les reprendre audit Magafin à l'Automne pour les reporter & mettre en place,

Pour Paris, la fomme de une livre dix fols.

Pour Verfailles, la fomme de une livre dix fols.

Pour Marly, S. Germain & Meudon, la fomme de une livre dix fols.

Et pour Fontainebleau, la fomme de une livre dix fols.

Les autres doubles Châffis, tant de l'Appartement de Monfeigneur, Oratoire de Madame de Bourgogne, & autres endroits, feront payez à proportion.

Pour chacun pied de Verre de démolition, donnez en compte à l'Entrepreneur,

Pour Paris, la fomme de fept fols.

Pour Verfailles, la fomme de fept fols.

Pour Marly, S. Germain & Meudon, la fomme de fept fols.

Et pour Fontainebleau, la fomme de fept fols.

Et à l'égard des pieces communes de démolition, elles feront données par compte aux Entrepreneurs, qui en tiendront compte pour chacun cent,

Pour Paris, la fomme de cinquante fols.

Pour Verfailles, la fomme de cinquante fols.

Pour Marly, S. Germain & Meudon, la fomme de cinquante fols.

Et pour Fontainebleau, la fomme de cinquante fols.

A PARIS,

De l'Imprimerie de JACQUES COLLOMBAT Imprimeur ordinaire du Roy,
du Cabinet, Maison, & Bâtimens de Sa Majesté.   1722.

DEVIS,

CONDITIONS, PRIX

ET ADJUDICATIONS

Des Ouvrages de Plomberie à faire dans les Bâtimens
des Maisons Royales, tant à Paris, Versailles, Marly,
Meudon, que S. Germain en Laye, & Fontainebleau,
& autres Bâtimens en dépendans ; dressé, suivant les
ordres de Monseigneur LE DUC D'ANTIN, Pair de
France, &c. Surintendant & Ordonnateur general des
Bâtimens, Jardins, Arts & Manufactures de Sa Majesté,
par Monsieur DE COTTE, Chevalier de l'Ordre de
Saint Michel, Conseiller du Roy, premier Architecte
& Intendant desdits Bâtimens de Sa Majesté.

PREMIEREMENT.

TOUS les Plombs qui seront employez seront fournis
par le Roy à l'Entrepreneur, qui les recevra dans les
Magasins où ils sont en provision, ou sur les Ports,
& s'en chargera pour les fondre, façonner, voiturer
& poser en place, des formes & façons qu'il conviendra, comme il sera dit cy-après.

Seront faites les fontes des Tables desdits Plombs de toutes les
largeurs necessaires pour chacune espece des Ouvrages, en telles égalitez d'épaisseurs, que le pied quarré desdits plombs ne pese que les
poids qui en suivent. ✳ K

Sçavoir , les Plombs des enfaîtemens des combles , Enuſures , Bourſeaux , Pannes de brin , des Nouës , Noquets , arrêtiers , revê-temens & recouvremens de Lucarnes & Frontons d'icelles , Bavettes & Cuvettes neuves , à dix livres le pied quarré.

Les Plombs des Chaîneaux & Goutieres , onze à douze livres le pied quarré.

A l'égard des deſcentes de plombs & terraſſes , elles peſeront juſ-qu'à treize & quatorze livres.

Tous les Poids deſdits Plombs ſeront pris ſur les longueurs & largeurs que chaque eſpece ſe trouvera avoir en œuvre , ſans avoir égard aux Coupures , dont il ne ſera tenu aucun compte à l'Entre-preneur , & à raiſon des poids ci-deſſus déclarez , pour chacun pied quarré de chacune eſpece deſdits Ouvrages , & non autrement.

Les Plombs des Reſervoirs ſeront des épaiſſeurs & poids qui ſe-ront ordonnez à l'Entrepreneur.

Les Tuyaux de Fontaines couſus & ſoudez en leur longueur , avec nœuds de ſoudures en leurs abouts l'un à l'autre , ſeront auſſi des épaiſſeurs & poids qui ſeront ordonnez.

Les autres Tuyaux de plombs qui ſeront ſans couſures avec pareils nœuds de ſoudures en leurs abouts l'un à l'autre , ſeront pareillement des épaiſſeurs & poids qui ſeront ordonnez.

Toutes les Soudures qui ſeront employées à tous leſdits Ouvra-ges ſeront fournies par l'Entrepreneur , auquel elles ſeront peſées ſé-parément avant d'être employées , & le poids d'icelles ajoûté au poids des plombs de chacune eſpece d'Ouvrages où elles ſeront employées , pour être payées conjointement & au même prix de la façon deſdits plombs.

Et à l'égard de la Soudure qui ſera employée dans les Ouvrages où l'Entrepreneur n'aura pas fait la fonte & façon des plombs pour ſouder les couſures , cuivres , raccommodages des vieux plombs , & raccommodemens ſur les Tuyaux de fer , elle luy ſera payée ſuivant les prix qui en ſuivent.

Leſdits Plombs ſeront blanchis à l'étain aux endroits où il ſera or-donné à l'Entrepreneur , ſans qu'il puiſſe en prétendre aucune aug-mentation de prix.

Tous leſquels Ouvrages ſeront bien & dûëment faits. L'Entrepre-neur fournira l'Etain pour les ſoudures , Charbons , peines d'Ouvriers , voitures , utenſiles , & toutes choſes generalement quelconques ne-ceſſaires pour l'entiere perfection deſdits Ouvrages , à l'exception du plomb , qui ſera fourni par le Roy , & ſeront pris dans les Magaſins ou ſur les Ports , auſquels endroits il les recevra au poids , pour les rendre façonnez de même poids , à l'exception de quatre livres par chacun millier , qui luy ſeront accordez pour le déchet , le tout moyennant les prix ci-après declarez , & pour leſquels leſdits Ouvra-ges leur ſeront adjugez par l'adjudication qui en ſera faite au rabais à l'extinction des feux, en la maniere accoutumée ; & lesquels prix leur feront payez des fonds à ce deftinez par Sa Majefté ; à la charge par lefdits Entrepreneurs de donner bonne & fuffifante Caution & Certificateur de leur entreprife, conformement à la Declaration du Roy du 7 Juin 1708, fuivant laquelle la reception defdits Ouvrages fera faite.

Le prefent DEVIS a été dreffé par Nous Robert DE COTTE, Chevalier de S. Michel, Confeiller du Roy & fon premier Architecte, Intendant general des Bâtimens de Sa Majefté, en prefence de Tres-haut & puiffant Seigneur Louis-Antoine DE PARDAILLAN DE GONDRIN, Chevalier des Ordres du Roy, Duc d'Antin, de Mon-tefpan & de Gondrin, Seigneur des Duchez de Bellegarde & d'Eper-non, Confeiller du Roy en fes Confeils, Lieutenant General de fes Armées, Gouverneur d'Orleans & Pays Orleanois, Lieutenant Gene-ral pour le Roy de la haute & baffe Alface, &c. Surintendant & Or-donnateur general des Bâtimens, Jardins, Arts & Manufactures de Sa Majefté ; de Jacques-Charles Billaudel Confeiller du Roy, Inten-dant general de fes Bâtimens ; de Jacques Gabriel, Armand-Claude Mollet, & Garnier Difle Confeillers du Roy, Controlleurs Generaux des Bâtimens de S. M.

Lequel DEVIS, Nous Surintendant & Ordonnateur general des Bâ-timens, Jardins, Arts & Manufactures du Roy, ordonnons être publié & affiché aux portes & endroits du Louvre, Palais des Tuil-leries & autres Maifons Royales à Paris ; aux Portes & endroits du Château, & Hôtel des Bâtimens à Verfailles ; aux portes & endroits des Châteaux de Marly, Meudon, S. Germain, Fontainebleau & dé-pendances, & aux autres endroits & Places publiques de Paris, Ver-failles, Marly, Meudon, S. Germain, & Fontainebleau ; à ce que ceux qui voudront entreprendre de faire lefdits Ouvrages de Plomberie, aux claufes & conditions portées audit Devis, ayent à fe trouver audit Hôtel des Bâtimens, le   dix heures du matin, où leurs offres feront reçûës, & lefdits Ouvrages adjugez au moins difant, à l'extinction des feux en la maniere accou-tumée, conformement à ladite Declaration du Roy du 7. Juin 1708. & dont l'Entrepreneur fera fa foumiffion. Fait à Verfailles le

Signé, D'ANTIN DE GONDRIN, DE COTTE, BILLAUDEL, GABRIEL, MOLLET, ET DISLE.

DE PAR LE ROY.

PAR Adjudication faite au rabais au moins offrant & dernier Encheriffeur, à l'extinction des feux, en la maniere accoutumée, conformement à la Declaration du Roy du 7. Juin 1708. en l'Hôtel des Bâtimens du Roy à Verfailles.

Par Tres-haut & puiffant Seigneur Meffire Loüis-Antoine de Par-

daillan de Gondrin, Chevalier des Ordres du Roy, Duc d'Antin, de
Montefpan, & de Gondrin, Seigneur des Duchez de Bellegarde &
d'Epernon, Baron d'Oyron, Comte de Murat, & autres Terres, &c.
Confeiller du Roy en fes Confeils, Lieutenant General des Armées de
Sa Majefté, Gouverneur d'Orleans & Pays Orleanois, Lieutenant
General de la haute & baffe Alface, &c. Surintendant & Ordonna-
teur general des Bâtimens du Roy, Arts & Manufactures de France.

En la prefence de Robert de Cotte, Chevalier de S. Michel, Confeiller & premier Architecte du Roy, Intendant General des Bâtimens de Sa Majefté.

De Jacques-Charles Billaudel, auffi Confeiller du Roy, Intendant
General de fes Bâtimens.

De Jacques Gabriel, Armand-Claude Mollet, & Garnier Difle,
Confeillers du Roy, Controlleurs Generaux defdits Bâtimens de
Sa Majefté.

dix heures du matin,
des Ouvrages de Plomberie, pour les reparations & changemens
qu'il conviendra faire dans les Bâtimens du Roy à Paris, Verfailles,
Marly, Meudon, S. Germain, Fontainebleau, & Bâtimens en dépendans.

APPERT lefdits Ouvrages de Plomberie, pour les endroits ci-devant
défignez, avoir été adjugez

comme moins offrant & dernier Encheriffeur, fur les ordres dudit
Seigneur Duc d'Antin, des qualitez & façons ci-deffus, ainfi
& de la maniere qu'ils font expliquez au Devis ci-devant écrit, pour
le temps & efpace de　　　années entieres & confecutives,
à la charge par
l .　　　　　Entrepreneur　, de bien & duëment faire & parfaire
tous lefdits Ouvrages, en tel nombre, quantité & qualité qui feront neceffaires, fuivant l'Art ; & de faire lefdits Ouvrages aux
lieux & endroits qui leur feront indiquez par les Contrôleurs defdits
Bâtimens ; comme auffi à la charge de fournir de tous équipages,
échafaudages, peines d'Ouvriers, & tout ce qui conviendra pour
l'entiere perfection defdits Ouvrages, dont la reception fera faite
conformement à la fufdite Declaration du Roy, & ce moyennant les
prix cy-après expliquez.

S C A V O I R,

Pour l'employ, façon & voitures de chacun millier pefant de
Plomb & Soudure,
Pour Paris, la fomme de cinquante livres.
Pour Verfailles, la fomme de cinquante livres.

Pour Marly, S. Germain & Meudon, la fomme de cinquante livres.
Et pour Fontainebleau, la fomme de cinquante livres.

Et quand l'Entrepreneur fournira de Plomb neuf, il luy fera payé fuivant le courant & la Facture du Marchand.

Pour chacune livre de Soudure, qui fera employée pour fouder les conduites qui n'auront pas été façonnées par l'Entrepreneur, Cuivre, raccommodages de vieux Plombs, & raccommodemens fur les Tuyaux de fer,

Pour Paris, la fomme de quinze fols.

Pour Verfailles, la fomme de quinze fols.

Pour Marly, S. Germain & Meudon, la fomme de quinze fols.

Et pour Fontainebleau, la fomme de quinze fols.

Il fera paffé à l'Entrepreneur quatre livres de Soudure par millier pour déchet des Plombs.

A PARIS,

De l'Imprimerie de Jacques Collombat Imprimeur ordinaire du Roy, du Cabinet, Maison, & Bâtimens de Sa Majesté. 1722.

DEVIS,
CONDITIONS, PRIX
ET ADJUDICATIONS

Des Ouvrages de Grosses Peintures, tant à huile qu'en détrempe, pour les Bâtimens des Maisons Royales, tant à Paris, Versailles, Marly, Meudon, que S. Germain en Laye, & Fontainebleau, & autres Bâtimens en dépendans; dressé, suivant les ordres de Monseigneur LE DUC D'ANTIN, Pair de France, &c. Surintendant & Ordonnateur general des Bâtimens, Jardins, Arts & Manufactures de Sa Majesté, par Monsieur DE COTTE, Chevalier de l'Ordre de S. Michel, Conseiller du Roy, premier Architecte & Intendant desdits Bâtimens de Sa Majesté.

PREMIEREMENT.

TOUTES les Couleurs, Huiles de Noix, & drogues seront belles & de bonnes qualitez.

Impreßions à Huile

Les Impreßions en blanc à Huile seront faites avec du blanc de Seruse d'Hollande, & de l'Huile de Noix, bien broyez & incorporez ensemble.

✳ M ·

Pour les Bois ou Fers qui feront imprimez en verd, fera mis une couche de Blanc de Serufe à huile, & enfuite une ou plufieurs couches de verd de Montagne & verd de Gris, ou verd de belle couleur, avec huile de Noix, bien broyez & incorporez enfemble.

Toutes les Cheminées à murs de face qui feront peints en forme de Brique, feront faits avec de l'Ocre rouge & huile, bien broyez & incorporez enfemble, & les joints tirez avec blanc aufli à huile, obfervant les liaifons neceflaires.

Toutes les autres impreflions à huile, de quelques couleurs qu'elles puiflent être, feront aufli faites avec huile de Noix, bien broyez & incorporez avec les couleurs.

Impreßions en Détrempe

Les Impreflions en blanc feront faites avec du Blanc d'Efpagne & de la colle de Gand, ou du Blanc de Chaux, felon les endroits, & de la Colle, bien broyez & incorporez enfemble ; & toutes les Impreflions en détrempe, de quelques couleurs qu'elles puiflent être, feront faites aufli avec de la Colle de Gand, bien broyée & incorporée avec les couleurs.

Vernis.

Les Bois feront encollez d'une ou deux couches, que l'on laiflera fécher avant d'y mettre le Verni, qui fera fait avec de l'efprit-de-vin.

Tous lefquels Ouvrages feront bien & dûëment faits fuivant l'Art. L'Entrepreneur fournira les Couleurs, Drogues, Huiles, Colles, peines d'Ouvriers, échafaudages, & toutes chofes generalement quelconques pour l'entiere perfection d'iceux, moyennant les prix ci-après declarez, & pour lefquels lefdits Ouvrages leur feront adjugez par l'adjudication qui en fera faite au rabais à l'extinction des feux, en la maniere accoutumée ; & lefquels prix leur feront payez des fonds à ce deftinez par Sa Majefté ; à la charge par lefdits Entrepreneurs de donner bonne & fuffifante Caution & Certificateur de leur entreprife, conformement à la Declaration du Roy du 7 Juin 1708, fuivant laquelle la reception defdits Ouvrages fera faite.

Le prefent DEVIS a été drefté par Nous Robert DE COTTE, Chevalier de S. Michel, Confeiller du Roy & fon premier Architecte, Intendant general des Bâtimens de Sa Majefté, en prefence de Treshaut & puiflant Seigneur Louis-Antoine DE PARDAILLAN DE GONDRIN, Chevalier des Ordres du Roy, Duc d'Antin, de Montelpan & de Gondrin, Seigneur des Duchez de Bellegarde & d'Epernon, Confeiller du Roy en fes Confeils, Lieutenant General de fes Armées, Gouverneur d'Orleans & Pays Orleanois, Lieutenant General pour le Roy de la haute & bafle Alface, &c. Surintendant & Ordonnateur general des Bâtimens, Jardins, Arts & Manufactures de Sa Majesté ; de Jacques-Charles Billaudel Conseiller du Roy, Intendant general de ses Bâtimens ; de Jacques Gabriel, Armand-Claude Mollet, & Garnier Disle Conseillers du Roy, Controlleurs Generaux des Bâtimens de Sa Majesté.

Lequel D E V I S, Nous Surintendant & Ordonnateur general des Bâtimens, Jardins, Arts & Manufactures du Roy, ordonnons être publié & affiché aux portes & endroits du Louvre, Palais des Tuilleries & autres Maisons Royales à Paris ; aux Portes & endroits du Château, & Hôtel des Bâtimens à Versailles ; aux portes & endroits des Châteaux de Marly, Meudon, S. Germain, Fontainebleau & dépendances, & aux autres endroits & Places publiques de Paris, Versailles, Marly, Meudon, Saint Germain, & Fontainebleau ; à ce que ceux qui voudront entreprendre de faire lesdits Ouvrages de Grosses Peintures, aux clauses & conditions portées audit Devis, ayent à se trouver audit Hôtel des Bâtimens, le   dix heures du matin, où leurs offres seront reçûës, & lesdits Ouvrages adjugez au moins disant, à l'extinction des feux en la maniere accoutumée, conformement à ladite Declaration du Roy du 7. Juin 1708. & dont l'Entrepreneur fera sa soumission. Fait à Versailles le

Signé, D'ANTIN DE GONDRIN, DE COTTE, BILLAUDEL, GABRIEL, MOLLET, ET DISLE.

DE PAR LE ROY.

P A R Adjudication faite au rabais au moins offrant & dernier Encherisseur, à l'extinction des feux, en la maniere accoutumée, conformement à la Declaration du Roy du 7. Juin 1708. en l'Hôtel des Bâtimens du Roy à Versailles.

Par Tres-haut & puissant Seigneur Messire Loüis-Antoine de Pardaillan de Gondrin, Chevalier des Ordres du Roy, Duc d'Antin, de Montespan, & de Gondrin, Seigneur des Duchez de Bellegarde & d'Epernon, Baron d'Oyron, Comte de Murat, & autres Terres, &c. Conseiller du Roy en ses Conseils, Lieutenant General des Armées de Sa Majesté, Gouverneur d'Orleans & Pays Orleanois, Lieutenant General de la haute & basse Alsace, &c. Surintendant & Ordonnateur general des Bâtimens du Roy, Arts & Manufactures de France.

En la presence de Robert de Cotte, Chevalier de S. Michel, Conseiller & premier Architecte du Roy, Intendant General des Bâtimens de Sa Majesté.

De Jacques-Charles Billaudel, aussi Conseiller du Roy, Intendant General de ses Bâtimens.

De Jacques Gabriel, Armand-Claude Mollet, & Garnier Disle, Conseillers du Roy, Controlleurs Generaux desdits Bâtimens de Sa Majesté.

dix heures du matin,
✠ M ij

des Ouvrages de Grosses Peintures pour les reparations & changemens qu'il conviendra faire dans les Bâtimens du Roy à Paris, Versailles, Marly, Meudon, S. Germain, Fontainebleau, & Bâtimens
en dépendans.

A P P E R T lesdits Ouvrages de Grosses Peintures, pour les endroits
ci-devant désignez, avoir été adjugez

comme moins offrant & dernier Encherisseur, sur les ordres dudit
Seigneur Duc d'Antin, des qualitez & façons ci-dessus, ainsi
& de la maniere qu'ils sont expliquez au Devis ci-devant écrit, pour
le temps & espace de   années entieres & consecutives,
                           à la charge par
l   Entrepreneur   , de bien & duëment faire & parfaire
tous lesdits Ouvrages, en tel nombre, quantité & qualité qui seront necessaires, suivant l'Art ; & de faire lesdits Ouvrages aux
lieux & endroits qui leur seront indiquez par les Contrôleurs desdits
Bâtimens ; comme aussi à la charge de fournir de tous équipages,
échafaudages, peines d'Ouvriers, & tout ce qui conviendra pour
l'entiere perfection desdits Ouvrages, dont la reception sera faite
conformement à la susdite Declaration du Roy, & ce moyennant les
prix cy-après expliquez.

S Ç A V O I R,

Impressions à Huile

Pour chacune toise de Blanc de Seruse à une couche, la somme
de trente-cinq sols.

Pour chacune toise de Blanc de Seruse à deux couches, la somme
de cinquante sols.

Pour chacune toise de Blanc rechampy à une couche, la somme
de vingt sols.

Pour chacune toise de Blanc rechampy à deux couches, la somme de vingt-cinq sols.

Pour chacune toise de jaune, noir & rouge à une couche, la somme de vingt-cinq sols.

Pour chacune toise de jaune, noir & rouge à deux couches, la
somme de trente-deux sols.

Pour chacune toise de Verd plein à une seule couche, la somme de
quarante sols.

Pour chacune toise de Verd plein à deux couches, la somme de
trois livres dix sols.

Pour chacune toise de Verd à deux couches sur les Treillages à

trois côtez, dont une de Blanc à une de Verd, la somme de cinquante sols.

Pour chacune toise de Verd à trois couches sur les Treillages à
trois côtez, dont une de Blanc à deux de Verd, la somme de trois
livres.

Pour chacune toise de Verd à trois couches, tant plein sur les
Portes que sur les Treillages, à quatre côtez, dont une de Blanc à
trois de Verd, la somme de trois livres dix sols.

Pour chacune toise de Briques peintes, à deux couches de rouge
& briquetées de blanc, la somme de cinquante-cinq sols.

Impreßions en détrempe

Pour chacune toise de Blanc à colle ordinaire, jaune, rouge &
noir à une couche, la somme de six sols.

Pour chacune toise de pareilles impreßions à deux couches, la
somme de neuf sols.

Pour chacune toise de Blanc de Serufe à deux couches sur la Sculpture, la somme de quinze sols.

Pour chacune toise de Blanc à quatre couches sur la Sculpture,
la somme de trente sols.

Pour chacune toise de Verny à quatre couches, dont une de
Colle & trois de Verny, avec l'Efprit-de-vin, la somme de trois livres.

Pour chacune toise de Verny, avec l'Efprit-de-vin, à une feule
couche, la somme de quarante sols.

Pour chacune toise de Peintures en Marbre verni par-deffus, la
somme de dix-huit livres.

Et fans être verni, la somme de quatorze livres.

Pour chacune toise de Panneaux peints, ornez de Cadres &
Moulures avec verni par-deffus, la somme de six livres dix sols.

Et fans être verni, la somme de quatre livres.

Pour chacune toise de bois veiné verni, la somme de quatre livres dix sols.

Et fans verni, la somme de trois livres.

Pour chacune toise de bois veinez à huile, compris la premiere &
feconde couche, la somme de quatre livres.

Pour chacune toise, *idem*, vernis par-deffus, la somme de cinq
livres dix sols.

Pour chacune toise de Panneaux avec filets à Liftelle bleuë, compris la détrempe à deux couches, la somme de quarante-cinq sols.

Pour chacune toise de couleur de bois à huile à deux couches, la
somme de quarante sols.

Et à une couche, la somme de trente sols.

Pour chacune toise couleur de bois en détrempe, à deux couches, la somme de douze sols.

Et à une couche, la somme de huit sols.

Pour chacune toise de blanc des Carmes, la somme de six livres.

A PARIS,

De l'Imprimerie de JACQUES COLLOMBAT Imprimeur ordinaire du Roy,
du Cabinet, Maiſon, & Bâtimens de Sa Majeſté. 1722.

DEVIS,
CONDITIONS, PRIX
ET ADJUDICATIONS

Des Ouvrages de Dorures, tant en huile qu'en détrempe, pour les Bâtimens des Maisons Royales, tant à Paris, Versailles, Marly, Meudon, que Saint Germain en Laye, & Fontainebleau, & autres Bâtimens en dépendans; dressé, suivant les ordres de Monseigneur LE DUC D'ANTIN, Pair de France, &c. Surintendant & Ordonnateur general des Bâtimens, Jardins, Arts & Manufactures de Sa Majesté, par Monsieur DE COTTE, Chevalier de l'Ordre de S. Michel, Conseiller du Roy, premier Architecte & Intendant desdits Bâtimens de Sa Majesté.

Or mat uni à couvert.

Era mis deux couches de blanc en détrempe, bien encollées dans les parties qui seront dorées, pour empêcher que l'Or-couleur qui se mettra au-dessus desdites deux couches ne s'imbibe dans les bois, & ensuite doré d'Or le plus beau, le plus fin & le mieux battu qui pourra se trouver, conformement aux échantillons qui seront donnez.

Or mat à couvert sur la Pierre & Plâtre

Sera mis deux couches de blanc à huile, & une couche d'Or-

✳ N

couleur au-deſſus, & enſuite doré de pareil Or que deſſus.

Or mat uni à découvert ſur Bois, Fer ou Plomb.

Sera mis deux couches d'Ocre jaune à huile, bien ſéchées avant de mettre l'Ocre-couleur, & doré à plat, comme deſſus.

Or mat repaſſé.

Sera mis trois couches en détrempe, une de jaune & deux d'aſſiettes, & enſuite doré d'Or fin, comme deſſus.

Or bruni.

Les Bois ſeront encollez & imprimez, de ſept à huit couches de blanc en détrempe dans les parties qui doivent être dorées d'Or uni; & à l'égard des parties qui ſeront dorées ſur la Sculpture, ne ſeront blanchies qu'autant qu'il ſera neceſſaire, afin de charger, le moins qu'il ſera poſſible, les ornemens, leſquels ſeront réparez ſur les blancs lorſqu'ils ſeront bien ſecs, & l'Architecture bien adoucie, avant de mettre une couche de jaune & trois couches d'aſſiettes, tant ſur l'uni bruni que ſur le taillé bruni, & enſuite ſera poſé l'Or des qualitez & échantillons ci-deſſus; obſervant de brunir, breteler & laiſſer mat ce qu'il conviendra, & mettre du vermillon où il ſera neceſſaire.

Tous leſquels Ouvrages ſeront bien & dûëment faits ſuivant l'Art. L'Entrepreneur fournira l'Or, les Couleurs à l'huile & détrempe, peines d'Ouvriers, & toutes choſes generalement quelconques, pour rendre les Ouvrages dans leur entiere perfection, à l'exception des Echafaux & Bannes qui ſeront fournis par le Roy, moyennant les prix ci-après declarez, & pour leſquels leſdits Ouvrages leur ſeront adjugez par l'adjudication qui en ſera faite au rabais à l'extinction des feux, en la maniere accoutumée; & leſquels prix leur ſeront payez des fonds à ce deſtinez par Sa Majeſté; à la charge par leſdits Entrepreneurs de donner bonne & ſuffiſante Caution & Certificateur de leur entrepriſe, conformement à la Declaration du Roy du 7 Juin 1708, ſuivant laquelle la reception deſdits Ouvrages ſera faite.

Le preſent Devis a été dreſſé par Nous Robert de Cotte, Chevalier de S. Michel, Conſeiller du Roy & ſon premier Architecte, Intendant general des Bâtimens de Sa Majeſté, en preſence de Treshaut & puiſſant Seigneur Louis-Antoine de Pardaillan de Gondrin, Chevalier des Ordres du Roy, Duc d'Antin, de Monteſpan & de Gondrin, Seigneur des Duchez de Bellegarde & d'Epernon, Conſeiller du Roy en ſes Conſeils, Lieutenant General de ſes Armées, Gouverneur d'Orleans & Pays Orleanois, Lieutenant Gene-

ral pour le Roy de la haute & baſſe Alſace , &c. Surintendant &
Ordonnateur general des Bâtimens , Jardins , Arts & Manufactures
de Sa Majeſté ; de Jacques-Charles Billaudel Conſeiller du Roy , Intendant general de ſes Bâtimens ; de Jacques Gabriel, Armand-Claude
Mollet, & Garnier Diſle Conſeillers du Roy , Controlleurs Generaux
des Bâtimens de Sa Majeſté.

Lequel Devis, Nous Surintendant & Ordonnateur general des
Bâtimens, Jardins , Arts & Manufactures du Roy , ordonnons être
publié & affiché aux portes & endroits du Louvre , Palais des Tuilleries & autres Maiſons Royales à Paris ; aux Portes & endroits du Château, & Hôtel des Bâtimens à Verſailles ; aux portes & endroits des
Châteaux de Marly, Meudon , S. Germain , Fontainebleau & dépendances, & aux autres endroits & Places publiques de Paris, Verſailles,
Marly , Meudon , Saint Germain , & Fontainebleau ; à ce que ceux
qui voudront entreprendre de faire leſdits Ouvrages de Dorures ,
aux clauſes & conditions portées audit Devis, ayent à ſe trouver audit Hôtel des Bâtimens, le
                                        dix
heures du matin , où leurs offres ſeront reçûës , & leſdits Ouvrages
adjugez au moins diſant, à l'extinction des feux en la maniere accoutumée , conformement à ladite Declaration du Roy du 7. Juin 1708,
& dont l'Entrepreneur fera ſa ſoumiſſion. Fait à Verſailles le
            Signé , D'ANTIN DE GONDRIN, DE COTTE ;
BILLAUDEL , GABRIEL , MOLLET , ET DISLE.

DE PAR LE ROY.

PAR Adjudication faite au rabais au moins offrant & dernier
Encheriſſeur, à l'extinction des feux, en la maniere accoutumée,
conformement à la Declaration du Roy du 7. Juin 1708. en l'Hôtel
des Bâtimens du Roy à Verſailles.

Par Tres-haut & puiſſant Seigneur Meſſire Loüis-Antoine de Par-
daillan de Gondrin, Chevalier des Ordres du Roy, Duc d'Antin, de
Monteſpan, & de Gondrin, Seigneur des Duchez de Bellegarde &
d'Epernon, Baron d'Oyron , Comte de Murat, & autres Terres , &c.
Conſeiller du Roy en ſes Conſeils, Lieutenant General des Armées de
Sa Majeſté , Gouverneur d'Orleans & Pays Orleanois , Lieutenant
General de la haute & baſſe Alſace, &c. Surintendant & Ordonnateur
general des Bâtimens du Roy , Arts & Manufactures de France.

En la preſence de Robert de Cotte, Chevalier de S. Michel, Conſeiller & premier Architecte du Roy, Intendant General des Bâtimens de Sa Majeſté.

De Jacques-Charles Billaudel, auſſi Conſeiller du Roy , Intendant
General de ſes Bâtimens.

De Jacques Gabriel, Armand-Claude Mollet , & Garnier Diſle ,

Conseillers du Roy, Controlleurs Generaux desdits Bâtimens de
Sa Majesté.

dix heures du matin,
des Ouvrages de Dorures pour les reparations & changemens qu'il
conviendra faire dans les Bâtimens du Roy à Paris, Versailles,
Marly, Meudon, S. Germain, Fontainebleau, & Bâtimens en dépendans.

APPERT lesdits Ouvrages de Dorures, pour les endroits ci-devant
désignez, avoir été adjugez

comme moins offrant & dernier Encherisseur, sur les ordres dudit
Seigneur Duc d'Antin, des qualitez & façons ci-dessus, ainsi
& de la maniere qu'ils sont expliquez au Devis ci-devant écrit, pour
le temps & espace de   années entieres & consecutives,

à la charge par
l   Entrepreneur   , de bien & duëment faire & parfaire
tous lesdits Ouvrages, en tel nombre, quantité & qualité qui seront necessaires, suivant l'Art ; & de faire lesdits Ouvrages aux
lieux & endroits qui leur seront indiquez par les Contrôleurs desdits
Bâtimens ; comme aussi à la charge de fournir de tous équipages,
échafaudages, peines d'Ouvriers, & tout ce qui conviendra pour
l'entiere perfection desdits Ouvrages, dont la reception sera faite
conformement à la susdite Declaration du Roy, & ce moyennant les
prix cy-après expliquez.

SCAVOIR,

Pour chacun pied de superficie d'Or mat uni à couvert,
Pour Paris, la somme de cinquante sols.
Pour Versailles, la somme de cinquante-cinq sols.
Pour Marly, S. Germain & Meudon, la somme de cinquante-cinq s.
Et pour Fontainebleau, la somme de cinquante-cinq sols.
Pour chacun pied d'Or mat taillé à couvert,
Pour Paris, la somme de trois livres dix sols.
Pour Versailles, la somme de trois livres quinze sols.
Pour Marly, S. Germain & Meudon, la somme de trois livres quinze
sols.
Et pour Fontainebleau, la somme de trois livres quinze sols.
Pour chacun pied de superficie d'Or mat uni à découvert,
Pour Paris, la somme de trois livres.
Pour Versailles, la somme de trois livres cinq sols.
Pour Marly, S. Germain & Meudon, la somme de trois l. cinq sols.
Et pour Fontainebleau, la somme de trois livres cinq sols.
Pour chacun pied de superficie d'Or mat taillé à découvert,

Pour Paris, la somme de trois livres.

Pour Versailles, la somme de trois livres cinq sols.

Pour Marly, S. Germain & Meudon, la somme de trois livres cinq sols.

Et pour Fontainebleau, la somme de trois livres cinq sols.

Pour chacun pied de superficie d'Or repassé uni,

Pour Paris, la somme de trois livres cinq sols.

Pour Versailles, la somme de trois livres dix sols.

Pour Marly, S. Germain & Meudon, la somme de trois livres dix sols.

Et pour Fontainebleau, la somme de trois livres dix sols.

Pour chacun pied de superficie d'Or repassé, taillé,

Pour Paris, la somme de quatre livres dix sols.

Pour Versailles, la somme de quatre livres quinze sols.

Pour Marly, S. Germain & Meudon, la somme de quatre livres quinze sols.

Et pour Fontainebleau, la somme de quatre livres quinze sols.

Pour chacun pied de superficie d'Or bruni uni, y compris les rechampissages,

Pour Paris, la somme de trois livres quinze sols.

Pour Versailles, la somme de quatre livres.

Pour Marly, S. Germain & Meudon, la somme de quatre livres.

Et pour Fontainebleau, la somme de quatre livres.

Pour chacun pied de superficie d'Or bruni taillé, y compris les réparages de Sculpture sur blanc,

Pour Paris, la somme de six livres.

Pour Versailles, la somme de six livres dix sols.

Pour Marly, S. Germain & Meudon, la somme de six livres dix sols.

Et pour Fontainebleau, la somme de six livres dix sols.

Pour chacun pied de superficie d'Or bruni uni, dont les bois des fonds seront vernis,

Pour Paris, la somme de quatre livres dix sols.

Pour Versailles, la somme de quatre livres dix sols.

Pour Marly, S. Germain & Meudon, la somme de quatre livres dix sols.

Et pour Fontainebleau, la somme de quatre livres dix sols.

Pour chacun pied de superficie d'Or taillé bruni, dont les bois des fonds seront vernis, y compris le réparage de la Sculpture sur blanc,

Pour Paris, la somme de six livres dix sols.

Pour Versailles, la somme de six livres dix sols.

Pour Marly, S. Germain & Meudon, la somme de six livres dix sols.

Et pour Fontainebleau, la somme de six livres dix sols.

Pour chacune toise superficielle de blanc adouci, tant des plafonds que des lambris,

Pour Paris, la fomme de trois livres.

Pour Verfailles, la fomme de trois livres.

Pour Marly, S. Germain & Meudon, la fomme de trois livres.

Et pour Fontainebleau, la fomme de trois livres.

A PARIS,

De l'Imprimerie de Jacques Collombat Imprimeur ordinaire du Roy,
du Cabinet, Maison, & Bâtimens de Sa Majesté. 1722.

DEVIS,
CONDITIONS, PRIX
ET ADJUDICATIONS

Des Ouvrages de Pavez, pour les Bâtimens des Maisons
Royales, tant à Paris, Versailles, Marly, Meudon,
que S. Germain en Laye, & Fontainebleau, & autres
Bâtimens en dépendans; dressé, suivant les ordres de
Monseigneur LE DUC D'ANTIN, Pair de France, &c.
Surintendant & Ordonnateur general des Bâtimens,
Jardins, Arts & Manufactures de Sa Majesté, par
Monsieur DE COTTE, Chevalier de l'Ordre de Saint
Michel, Conseiller du Roy, premier Architecte & In-
tendant desdits Bâtimens de Sa Majesté.

PREMIEREMENT.

L ES Pavez qui seront employez seront de bonnes qualitez, de Roches dures; & ne pourra être employé
dans tous les Ouvrages aucunes Ecailles ou Pavez de
rebuts, ni de Roches tendres.

Les Bordures seront faites avec libages de pierres
dures, ou gros cailloux choisis.

Tous les Mortiers qui seront employez pour lesdits Pavez, seront
composez d'un tiers de bonne Chaux, & de deux tiers de Sable ou
Ciment de tuilleaux, bien broyez & incorporez ensemble.

L'Entrepreneur sera tenu de faire la forme de son Pavé; & pour

O

cet effet fera obligé de faire la foüille jufqu'à un pied de bas ou environ, tant pour l'épaiffeur du pavé, que pour la forme dudit pavé, & de faire porter lefdites terres aux champs : Et à l'égard de la foüille des terres qui excedera ladite hauteur d'un pied, elle fera payée féparément à la toife cube par eftimation, fuivant l'éloignement du tranfport.

Seront obfervez les Revers, Pentes & Ruiffeaux neceffaires, dans lefquels feront pofez des Caniveaux & Contre-jumelles pour former les liaifons.

Les gros Pavez qui feront employez auront huit pouces ou environ en tous fens, unis par-deffus & quarrez par les joints autant que faire fe pourra, pofez à fable & en bonnes liaifons, fur une forme de fable de quatre à cinq pouces d'épaiffeur, garnis, s'il eft befoin, de bordures de libages ou gros cailloux de quinze pouces de long, un pied de haut, de huit, neuf, dix, onze & douze pouces d'épaiffeur pofez fur champ. Tous lefdits Pavez dreffez & battus à la hie, & fablez par-deffus pour garnir & remplir les joints, lefquels auront au plus neuf à dix lignes de largeur.

Les Pavez fendus en deux auront fept pouces quarrez ou environ & quatre pouces d'épaiffeur, taillez proprement, tant par le deffus que par les joints, pofez en bonnes liaifons, avec mortier de chaux & fable, fur une forme de fable de trois à quatre pouces d'épaiffeur : les joints feront les plus petits que faire fe pourra, & remplis à bain de mortier ; ledit pavé bien dreffé par-deffus.

Les gros Pavez fendus en trois auront cinq à fix pouces ou environ, & de trois à quatre pouces d'épaiffeur & de pareilles façons & conftructions que le Pavé fendu en deux.

Les Pavez de moilons ou cailloux pofez de champ auront un pied d'épaiffeur ou environ, pofez en fable & en bonnes liaifons fur une forme de quatre pouces d'épaiffeur, bien dreffez & battus à la hie, & fablez par-deffus pour garnir & remplir les joints.

Tous les Pavez, tant neufs que vieux, qui feront conftruits avec mortier de chaux & ciment, feront pofez fur une forme de fable, bien dreffez de niveau, ou de niveau de pente, de trois à quatre pouces d'épaiffeur, au-deffus de laquelle fera fait un aire de ciment de trois pouces d'épaiffeur, fur lequel fera pofé & affis le Pavé, & enfuite les joints feront remplis & garnis d'un couli fait avec chaux & ciment fin.

Les Pavez d'échantillon auront cinq pouces quarrez, & trois d'épaiffeur ou environ, bien unis & proprement taillez par leur parement & joints, pofez avec mortier de chaux & ciment, comme il eft expliqué ci-deffus.

Tous lefquels Ouvrages feront bien & dûëment faits fuivant l'Art, & conformement au prefent Devis. L'Entrepreneur fournira le Pavé, la Chaux, le Ciment, les Bordures, le Moilon & le Sable ; peines

d'Ouvriers, voitures, utenſiles, & toutes choſes generalement quelconques pour l'entiere perfection deſdits Ouvrages, moyennant les
prix ci-après declarez, & pour leſquels leſdits Ouvrages leur ſeront
adjugez par l'adjudication qui en ſera faite au rabais à l'extinction des
feux, en la maniere accoutumée; & leſquels prix leur ſeront payez des
fonds à ce deſtinez par Sa Majeſté; à la charge par leſdits Entrepreneurs de donner bonne & ſuffiſante Caution & Certificateur de leur
entrepriſe, conformement à la Declaration du Roy du 7 Juin 1708,
ſuivant laquelle la reception deſdits Ouvrages ſera faite.

Le preſent DEVIS a été dreſſé par Nous Robert DE COTTE,
Chevalier de S. Michel, Conſeiller du Roy & ſon premier Architecte,
Intendant general des Bâtimens de Sa Majeſté, en preſence de Tres-
haut & puiſſant Seigneur Louis - Antoine DE PARDAILLAN DE
GONDRIN, Chevalier des Ordres du Roy, Duc d'Antin, de Mon-
teſpan & de Gondrin, Seigneur des Duchez de Bellegarde & d'Eper-
non, Conſeiller du Roy en ſes Conſeils, Lieutenant General de ſes
Armées, Gouverneur d'Orleans & Pays Orleanois, Lieutenant Gene-
ral pour le Roy de la haute & baſſe Alſace, &c. Surintendant &
Ordonnateur general des Bâtimens, Jardins, Arts & Manufactures
de Sa Majeſté; de Jacques-Charles Billaudel Conſeiller du Roy,
Intendant general de ſes Bâtimens; de Jacques Gabriel, Armand-
Claude Mollet, & Garnier Diſle Conſeillers du Roy, Controlleurs
Generaux des Bâtimens de Sa Majeſté.

Lequel DEVIS, Nous Surintendant & Ordonnateur général des
Bâtimens, Jardins, Arts & Manufactures du Roy, ordonnons être
publié & affiché aux portes & endroits du Louvre, Palais des Tuilleries & autres Maiſons Royales à Paris; aux Portes & endroits du Château, & Hôtel des Bâtimens à Verſailles; aux portes & endroits des
Châteaux de Marly, Meudon, S. Germain, Fontaineblèau & dépendances, & aux autres endroits & Places publiques de Paris, Verſailles,
Marly, Meudon, Saint Germain, & Fontainebleau; à ce que ceux
qui voudront entreprendre de faire leſdits Ouvrages de Pavez,
aux clauſes & conditions portées audit Devis, ayent à ſe trouver audit Hôtel des Bâtimens, le
                                                        dix
heures du matin, où leurs offres ſeront reçûës, & leſdits Ouvrages
adjugez au moins diſant, à l'extinction des feux en la maniere accoutumée, conformement à ladite Declaration du Roy du 7. Juin 1708.
& dont l'Entrepreneur fera ſa ſoumiſſion. Fait à Verſailles le

> Signé, D'ANTIN DE GONDRIN, DE COTTE,
BILLAUDEL, GABRIEL, MOLLET, ET DISLE.

DE PAR LE ROY.

PAR Adjudication faite au rabais au moins offrant & dernier
Encheriſſeur, à l'extinction des feux, en la maniere accoutumée,
conformement à la Declaration du Roy du 7. Juin 1708. en l'Hôtel

des Bâtimens du Roy à Versailles.

Par Tres-haut & puissant Seigneur Messire Loüis-Antoine de Pardaillan de Gondrin, Chevalier des Ordres du Roy, Duc d'Antin, de Montespan, & de Gondrin, Seigneur des Duchez de Bellegarde & d'Epernon, Baron d'Oyron, Comte de Murat, & autres Terres, &c. Conseiller du Roy en ses Conseils, Lieutenant General des Armées de Sa Majesté, Gouverneur d'Orleans & Pays Orleanois, Lieutenant General de la haute & basse Alsace, &c. Surintendant & Ordonnateur general des Bâtimens du Roy, Arts & Manufactures de France.

En la presence de Robert de Cotte, Chevalier de S. Michel, Conseiller & premier Architecte du Roy, Intendant General des Bâtimens de Sa Majesté.

De Jacques-Charles Billaudel, aussi Conseiller du Roy, Intendant General de ses Bâtimens.

De Jacques Gabriel, Armand-Claude Mollet, & Garnier Disle, Conseillers du Roy, Controlleurs Generaux desdits Bâtimens de Sa Majesté.

dix heures du matin, des Ouvrages de Pavez pour les reparations & changemens qu'il conviendra faire dans les Bâtimens du Roy à Paris, Versailles, Marly, Meudon, S. Germain, Fontainebleau, & Bâtimens en dépendans.

Appert lesdits Ouvrages de Pavez, pour les endroits ci-devant désignez, avoir été adjugez

comme moins offrant & dernier Encherisseur, sur les ordres dudit Seigneur Duc d'Antin, des qualitez & façons ci-dessus, ainsi & de la maniere qu'ils sont expliquez au Devis ci-devant écrit, pour le temps & espace de   années entieres & consecutives,

à la charge par
1   Entrepreneur   , de bien & duëment faire & parfaire tous lesdits Ouvrages, en tel nombre, quantité & qualité qui seront necessaires, suivant l'Art ; & de faire lesdits Ouvrages aux lieux & endroits qui leur seront indiquez par les Contrôleurs desdits Bâtimens ; comme aussi à la charge de fournir de tous équipages, peines d'Ouvriers, & tout ce qui conviendra pour l'entiere perfection desdits Ouvrages, dont la reception sera faite conformement à la susdite Declaration du Roy, & ce moyennant les prix cy-après expliquez.

SCAVOIR,

Pour chacune toise de gros Pavé neuf, soit avec Bordures ou sans Bordures,

Pour Paris, la fomme de treize livres.
Pour Verfailles, la fomme de treize livres.
Pour Marly, S. Germain & Meudon, la fomme de treize livres.
Et pour Fontainebleau, la fomme de dix livres.
  Pour chacune toife de gros Pavé fendu en deux, avec chaux &
fable,
Pour Paris, la fomme de onze livres dix fols.
Pour Verfailles, la fomme de onze livres dix fols.
Pour Marly, S. Germain & Meudon, la fomme de onze liv. dix fols.
Et pour Fontainebleau, la fomme de huit livres dix fols.
  Pour chacune toife de gros Pavé fendu en trois, avec chaux &
fable,
Pour Paris, la fomme de dix livres.
Pour Verfailles, la fomme de dix livres.
Pour Marly, S. Germain & Meudon, la fomme de dix livres.
Et pour Fontainebleau, la fomme de fept livres.
  Pour chacune toife de Pavez d'échantillon, avec chaux & ciment,
Pour Paris, la fomme de dix-huit livres.
Pour Verfailles, la fomme de dix-huit livres.
Pour Marly, S. Germain & Meudon, la fomme de dix-huit livres.
Et pour Fontainebleau, la fomme de treize livres.
  Pour chacune toife de Pavé fendu en deux, avec mortier de chaux
& ciment,
Pour Paris, la fomme de quinze livres.
Pour Verfailles, la fomme de quinze livres.
Pour Marly, S, Germain & Meudon, la fomme de quinze livres.
Et pour Fontainebleau, la fomme de douze livres.
  Pour chacune toife de Pavez fendus en trois, pofez avec mortier
de chaux & ciment,
Pour Paris, la fomme de treize livres dix fols.
Pour Verfailles, la fomme de treize livres dix fols.
Pour Marly, S. Germain & Meudon, la fomme de treize l. dix fols.
Et pour Fontainebleau, la fomme de dix livres.
  Pour chacune toife de gros Pavez vieux, relevez & pofez de pa-
reille conftruction & façon que le gros Pavé neuf,
Pour Paris, la fomme de vingt-cinq fols.
Pour Verfailles, la fomme de vingt-cinq fols.
Pour Marly, S. Germain & Meudon, la fomme de vingt-cinq fols.
Et pour Fontainebleau, la fomme de vingt-cinq fols.
  Pour chacune toife de Pavé neuf, de moilons ou cailloux, pofez
comme il eft ci-devant dit,
Pour Paris, la fomme de trois livres dix fols.
Pour Verfailles, la fomme de trois livres dix fols.
Pour Marly, S. Germain & Meudon, la fomme de trois livres dix fols.
Et pour Fontainebleau, la fomme de trois livres dix fols.

Pour chacune toise quarrée de grosses Bordures neuves, au défaut de celles qui pourront manquer,

Pour Paris, la somme de neuf livres.

Pour Versailles, la somme de neuf livres.

Pour Marly, S. Germain & Meudon, la somme de neuf livres.

Et pour Fontainebleau, la somme de sept livres.

Pour chacune toise de Pavez vieux, fendus en deux & en trois, relevez & posez, de pareille construction & façon que le pavé neuf, fendu en deux & en trois, avec chaux & sable,

Pour Paris, la somme de quarante-cinq sols.

Pour Versailles, la somme de quarante-cinq sols.

Pour Marly, S. Germain & Meudon, la somme de quarante-cinq s.

Et pour Fontainebleau, la somme de quarante sols.

Pour chacune toise de pareil Pavé vieux fendu en deux & en trois, avec mortier de chaux & ciment,

Pour Paris, la somme de six livres.

Pour Versailles, la somme de six livres.

Pour Marly, S. Germain & Meudon, la somme de six livres.

Et pour Fontainebleau, la somme de six livres.

Pour chacune toise de Pavez vieux, de moilons ou cailloux relevez, posez de champ, de pareille façon & construction que ledit Pavé neuf,

Pour Paris, la somme de vingt-cinq sols.

Pour Versailles, la somme de vingt-cinq sols.

Pour Marly, S. Germain & Meudon, la somme de vingt-cinq sols.

Et pour Fontainebleau, la somme de vingt-cinq sols.

A PARIS,

De l'Imprimerie de JACQUES COLLOMBAT Imprimeur ordinaire du Roy,
du Cabinet, Maison, & Bâtimens de Sa Majesté. 1722.

www.ingramcontent.com/pod-product-compliance
Lightning Source LLC
LaVergne TN
LVHW050756200726
843507LV00001B/132